湖泊生态系统稳定性演变的驱动机制研究

刘 永 李玉照 吴 桢 吴思枫 著

科学出版社

北 京

内 容 简 介

湖泊生态系统稳定性演变的驱动机制是湖泊水质改善与生态修复的重要理论依据，但在目前的研究中仍存在着一些亟待解决的关键问题，如湖泊稳定性判别方法的选取、湖泊稳定性改变驱动因子的识别等。为此，针对浅水湖泊稳定性改变的内涵、特征、驱动机制和分析方法的研究成为国内外热点。本书主要以湖泊生态系统稳定性及稳态转换理论为指导，构建了湖泊生态系统稳定性演变及驱动过程模拟的方法体系，并选取受人为干扰程度、富营养化程度各不相同的 3 个云南高原湖泊开展实证分析，识别高原湖泊稳定性演变不同类型的驱动因子与关键表征。

本书可供环境科学、生态学、流域科学、湖沼学等学科的科研人员、高等学校师生及政府部门有关人员阅读和参考。

图书在版编目（CIP）数据

湖泊生态系统稳定性演变的驱动机制研究 / 刘永等著. —北京：科学出版社，2020.4

ISBN 978-7-03-062306-5

Ⅰ. ①湖… Ⅱ. ①刘… Ⅲ. ①湖泊－生态系统－研究 Ⅳ. ①X832

中国版本图书馆 CIP 数据核字（2019）第 196530 号

责任编辑：孟莹莹 郑欣虹 / 责任校对：王 瑞
责任印制：吴兆东 / 封面设计：无极书装

科学出版社 出版
北京东黄城根北街 16 号
邮政编码：100717
http://www.sciencep.com

北京凌奇印刷有限责任公司 印刷
科学出版社发行 各地新华书店经销
＊

2020 年 4 月第 一 版 开本：720 × 1000 1/16
2020 年 4 月第一次印刷 印张：9 1/4 插页：2
字数：169 000
POD定价： 99.00元
（如有印装质量问题，我社负责调换）

前　言

　　湖泊水质改善与生态修复是目前国内外湖沼学研究的重要内容之一，也是国家水环境治理的重大科技需求。湖沼学的研究发现，浅水湖泊生态系统对干扰的反应会随着干扰力度的改变而出现突然的变化，致使系统结构或功能发生改变，即发生稳态转换（regime shift）。稳态转换的实质是生态系统稳定性发生改变的过程，湖泊一旦发生灾变性稳定性降低，需要将胁迫因子（如流域营养物质输入）的水平降到更低方可实现对生态系统的恢复。同时研究也发现，在多数情况下，生态系统的稳定性无法沿退化的绝对路径恢复到退化前的状态。对于处在退化状态的生态系统，如果能预先确定稳态转换的阈值和可能的发生机制，则可以预先加以控制，降低治理成本。

　　目前，国内外许多学者针对浅水湖泊稳定性改变的内涵、特征、驱动机制和分析方法等开展了相关研究，但仍然存在一些研究难点，例如：如何甄别浅水湖泊稳定性改变的诱发因子，如何针对不同的湖泊来选取合适的研究方法判定稳定性演变发生。以此为目标，本书的主要研究内容包括：①以湖泊生态系统稳定性、稳态转换理论为指导，构建湖泊生态系统稳定性演变及驱动过程模拟的方法体系，在湖泊稳定性判别的基础上，构建相应的生态演变及驱动过程模拟方法，定量揭示关键驱动因子的阈值；②选取受人为干扰程度、富营养化程度各不相同的3个云南高原湖泊开展实证分析，揭示湖泊稳定性演变过程的共性特征，识别高原湖泊稳定性演变不同类型的驱动因子与关键表征。

　　尽管生态系统稳定性演变的研究在过去的20年间取得了重要进展，但由于生态系统的复杂性和动态性及稳定性演变在时间和空间尺度的多维性，对其研究仍存在众多挑战。国内对于湖泊生态系统稳定性演变的研究尚处于起步阶段。本书无法涵盖上述的所有内容，谨希望以云南典型湖泊为例加以分析，并促进更多相关问题的提出、发掘、探讨与解决，从而更好地为国家湖泊管理的决策服务。

　　在本书的研究与写作过程中，作者得到了北京大学郭怀成教授、加利福尼亚大学戴维斯分校 Alan Hastings 教授、云南师范大学赵磊博士，以及云南省生态环境科学研究院陈异辉副院长、余艳红主任等的指导和协助，由衷地对他们的支持表示感谢！

　　本书出版得到了国家重点基础研究发展计划（973 计划）青年科学家专题项目富营养化湖泊中 POPs 在底栖-浮游耦合食物网中的传递行为和机制（2015CB458900）、国家自然科学基金面上项目云南高原湖泊流域氮磷输移过程的时空异质性与多尺度优化调控机制研究（51779002）、云南省高原湖泊流域污染过程与管理重点实验室开放基金的专项经费资助。

　　本书是国家环境保护河流全物质通量重点实验室流域科学研究组的研究成果之一，若需要了解更多的内容及流域科学的最新研究进展，敬请访问我们的主页 http://www.pkuwsl.org/。

　　由于作者的知识和经验有限，书中难免出现疏漏，殷切希望各位同行能不吝指正。

作　者

2018 年 11 月于燕园

目　　录

第1章 绪 论

1.1 研究背景与意义

1.1.1 研究背景

随着社会经济发展,人类对湖泊生态系统的干扰不断增强,氮(N)、磷(P)等营养物质输入增加,水质恶化和富营养化趋势加剧,致使湖泊生态系统结构被改变,生态系统自身健康状况下降,进而影响了系统功能的发挥(Dakos et al.,2015;Conley et al.,2009;Smith and Schindler,2009)。如何对受损湖泊进行污染控制和生态修复,如何有效预防湖泊生态系统退化,是国内外湖沼学研究的核心问题,也是长期以来我国水环境领域的重要任务(金相灿,2008;秦伯强,1998)。

湖泊自身具有抵抗外界干扰、维持自身正常系统功能的能力,称为湖泊生态系统的稳定性。然而由于湖泊生态系统自身的非线性系统动力学特征,湖泊生态系统对人类干扰的反应会随着干扰力度的改变或增强而出现突然的变化,导致湖泊自身稳定性的跃迁,即发生稳态转换(regime shift)。稳态转换前后,湖泊生态系统的内部结构、驱动因素和关键过程均发生了显著的变化,尤为重要的是这种转换常会随着外来压力和干扰的增大呈现突然、非线性的特征(Crépin et al.,2012;年跃刚等,2006;Genkai-Kato and Carpenter,2005;Folke et al.,2004)。湖沼学的研究表明,富营养化是典型的湖泊生态系统稳定性逐步下降,跨越阈值后发生的稳态转换现象,是湖泊生态系统自身稳定性逐步降低的过程,也是湖泊生态系统抵抗外界干扰能力下降的表征。例如,当进入湖泊的营养盐负荷超过临界值时,人为引入外来物种或放养食草鱼进而改变了食物网的原有平衡,都有可能促使湖泊生态系统由草型清水稳态转向藻型浊水稳态(Brothers et al.,2013;Hastings and Wysham,2010;Scheffer and Carpenter,2003;Scheffer et al.,2001)。

稳定性跃迁的发生具有突然性、显著性和非线性的特点。一旦发生稳态转换且超过系统的生态恢复力,就很难逆转。受损湖泊治理的长期实践表明,对于已发生富营养化的湖泊，控制外源性营养盐输入为湖泊恢复奠定基础，进而采取生态修复、生物操控等措施带动全湖性稳态转换是富营养化湖泊修复治理的合理途径。但多数情况下，生态系统的稳态转换是不可逆转的，大量的湖泊并未沿着预想的绝对路径恢复至受损前的状态（Kinzig et al.，2006；Gunderson，2000），对生态系统进行恢复需要将外来干扰（如流域营养物质负荷）降到更低的水平，从而需要更长的时间与更多的经济投资（Suding et al.，2004）。

流域 N、P 输入的水体响应及控制自 20 世纪 60 年代以来一直备受关注，是湖沼学研究的重要内容之一，众多学者和机构对此开展了多角度的研究，水体（湖泊、河口等）对营养物质输入的敏感性就是其中的热点之一。例如，美国国家研究委员会（National Research Council）在 2000 年就将其列为 6 大亟须研究的科学问题之一。富营养化程度不同的湖泊，自身生态系统内部结构、稳定性状态也不同，湖泊水体对于 N、P 的输入响应关键过程相差很大：生态系统稳定性好的湖泊（清水状态），流域的营养物质输入是影响湖泊水体中 N、P 浓度的首要限制因子；随着自身稳定性下降，当湖泊进入浊水状态时，湖泊水体中的 N、P 浓度则常会受到底质营养物质循环的影响，外源污染与内源释放同时制约着水体中营养盐浓度。同时，湖泊内部的生物、物理和化学因素之间存在复杂的相互反馈机制，也进一步增加了生态恢复的难度和不可预知性。湖泊的类型多样、分布广泛，受监测资金和人力的限制，无法对所有的湖泊水体开展基于充分监测和模拟的流域决策。因此，探究不同生态系统稳定性的湖泊对营养物质输入响应的共性和差异性特征，建立具有一定适用性的方法体系，将为缺少监测数据的富营养化水体的恢复提供借鉴。

1.1.2 研究意义

对于已发生富营养化的湖泊，生态系统稳定性较差，要实现对其生态系统的恢复，必须对其生态系统稳定性演变的机理有较清晰的了解，追溯营养物质循环的关键驱动过程和湖泊水体响应差异，从根本上采取恢复措施以帮助其实现生态恢复。对于正处于退化过程的湖泊生态系统，预先识别其稳态转换的发生机制和阈值，预判其发生稳态转换可能的过程与条件，则可以未雨绸缪加以控制，从而降低治理成本，并尽早恢复生态系统的结构和功能（Bestelmeyer et al.，2011；Carpenter and Brock，2006；Gunderson，2000）。综上所述，对于湖泊生态系统稳态转换机理及其驱动机制的研究，可为富营养化湖泊的生态恢复和正处于富营养化进程中的湖泊的灾变预警提供重要的科学依据，为相关管理决策提供重要的参考，已成为国际上相关研究的热点。

湖泊富营养化是典型的系统自身稳定性逐渐下降，跨越阈值，发生稳态转换的例子。根据多稳态理论及杯中弹子思路，湖泊的清澈和浑浊（富营养化）态势就是两个稳定状态（Scheffer and Carpenter，2003）。就湖泊富营养化而言，本书的意义如下。

（1）湖泊生态系统的稳定性和生态恢复力是动态变化的，为保持湖泊生态系统的清水状态而实施的管理，必须要特别关注那些会引起系统越过阈值的驱动因子，了解阈值可能的存在位置，并增强有助于保持系统弹性的诸多因素。因此，定量判别一个湖泊目前的生态稳定性，给出其生态稳定性可能发生变化的轨迹，可作为探究其稳态转换的驱动因素及 N、P 循环关键过程的基础。

（2）湖泊生态系统稳定性的演变过程中，其内部结构、驱动因素及关键过程均发生了显著变化。要实现对生态稳定性受损生态湖泊的恢复，有必要了解其关键的胁迫因素与驱动机制，究竟是长期 N、P 输入的累积效应导致生态系统稳定性退化，还是人类的突然干扰，或者是二者的耦合，造成湖泊生态系统稳定性退化？鉴于此，对湖泊水体中 N、P 循环过程的研究及湖泊水体生态系统稳定性的驱动机制研究显得十分必要。对单一湖泊而言，尽管可以通过分析其长时间序列数据，评判其湖泊水体受损程度，但仍无法详尽反演其生态稳定性演变的完整轨迹，也不可能通过单一湖泊来探究处于不同生态稳定性的湖泊中 N、P输入响应过程，因此选择不同生态稳定性演变轨迹的湖泊，开展湖泊水体内 N、P 对外源输入响应关系及湖泊水体内循环对于湖泊生态系统稳定性演变驱动机制的对比研究。

（3）本书所采用的定量识别湖泊自身的稳定性，绘制其稳态曲线，建模识别其 N、P 循环关键过程及阈值水平的共性和差异性方法体系，可应用至其他浅水湖泊，从而为受损的湖泊提供管理的科学支撑。

1.2 科学问题、主要研究内容及技术路线

1.2.1 拟解决的科学问题

湖沼学的研究发现，湖泊生态系统稳定性演变的驱动可能存在两种机制：①由单纯的营养盐（主要是 N、P）负荷输入、累积从而造成湖泊水体生态阈值被

突破，进而驱动湖泊生态系统稳定性演变；②在营养盐长期输入累积的基础上，耦合人类短期的强干扰，两者共同驱动，造成湖泊水体生态系统灾变。不同富营养化水平的湖泊，其生态系统稳定性不同，驱动机制及其稳定性演变轨迹不同。因此，本书旨在通过选择处于不同生态系统稳定性的湖泊，在对其进行稳定性现状判定和演变趋势研究的基础上，揭示其关键的驱动过程及阈值，识别两种驱动机制之间的共性或差异性特征，从而为湖泊生态系统灾变的原因追溯及生态恢复的管理措施提供启示和科学依据。

本书重点解决的科学问题为：湖泊生态系统稳定性演变过程及其关键驱动过程。要回答上述问题，必须从以下两个方面深入探讨。

（1）如何确定湖泊生态系统稳定性演变是由单纯的营养盐负荷输入累积效应驱动，还是人类活动、极端气象条件等带来的强干扰与营养盐过量输入的耦合作用导致的？

（2）如何揭示关键驱动因子的驱动过程并确定可能的阈值？如何建立基于简单富营养化模型与数值分析模拟基础上的研究方法来揭示关键驱动因子的驱动过程并确定可能的阈值？即湖泊生态系统稳定性演变的驱动因子与关键过程模拟体系构建。

1.2.2　主要研究内容及技术路线

为解决上述科学问题，本书选择我国不同富营养化水平的湖泊，在对其进行稳定性现状和演变趋势研究的基础上，根据历史数据，确定可能对其稳定性演变产生驱动的因子。根据驱动因子的不同，构建不同复杂度的富营养化模型，运用不同的数值分析方法来揭示其可能存在的驱动机制，并对这些机制进行共性和差异性对比。主要的研究内容如下。

1）湖泊稳定性现状的判别及驱动因子识别

典型湖泊稳定性现状及驱动因子判定：①依据多稳态曲线相关数值判别方法，以及长时间序列的统计指标分析方法（方差、自相关、偏度、结构异方差分析），以三个湖泊 N、P、Chla 浓度作为指标，定量判断三种指标的数据分布的差异性，以此作为信号表征三个湖泊稳定性现状及稳定性演变的存在；②利用沉积物硅藻种属测定推断历史上湖泊的环境演变过程，进行辅助；③使用格兰杰因果检验及结构方程识别三个湖泊 N、P 及 Chla 指标的因果关系，判别营养盐长期输入、累积是否是其稳定性演变的唯一驱动因子。

2）湖泊稳定性演变轨迹及其驱动过程模拟

依据研究内容 1）的相关结果，按照湖泊稳定性演变的驱动因子，将其分为营养盐输入直接驱动稳定性演变及非营养盐输入直接驱动稳定性演变两类。①对于营养盐输入直接驱动的湖泊，构建简单的、具有适用性的营养盐驱动富营养化模型，采用突变点分析方法绘制湖泊稳态曲线；通过 bootstraping 方法动态改变参数，识别营养盐输入的阈值；基于多稳态理论，运用多状态变量的相图分析，探索不同驱动水平下湖泊动态响应轨迹。②对于非营养盐输入直接驱动的湖泊，构建模拟藻类生长、死亡、捕食、沉积物释放等 N、P 在湖体内关键过程的模型，通过对关键参数的分段估值得出湖泊水体中营养盐循环关键过程的动态变化；结合模型分析、湖体调查结果，确认耦合干扰因子，构建干扰因子存在下的多稳态概念模型，从理论生态学角度揭示可能存在的驱动机制。

3）湖泊稳定性演变的驱动机制对比研究

根据研究内容 1）、2），分别对不同富营养化水平湖泊的稳定性演变轨迹和驱动机制进行对比，探讨不同的机制之间存在的共性或差异性特征，揭示湖泊稳定性现状的差异及对外界干扰的敏感性响应差别。

上述 3 个研究内容是解析湖泊生态系统稳定性演变及驱动机制不可分割的部分。其中，研究内容 1）的重点在定量判别湖泊生态系统稳定性现状和识别其驱动因子，是研究内容 2）和 3）的基础和出发点；研究内容 2）是在研究内容 1）的基础上，分为两条平行的研究线索，针对不同的驱动因子开展不同的建模及数值分析，定量绘制不同湖泊的稳定性演变轨迹，揭示其驱动机制和关键过程的阈值，研究内容 2）以研究内容 1）为基础，同时也为研究内容 3）提供了分析依据，是整个研究的重点和核心；研究内容 3）的重点在于揭示不同富营养化湖泊的稳定性演变轨迹、驱动机制的异同。

本书技术路线图如图 1.1 所示。

1.3　研　究　对　象

确定湖泊生态系统稳定性演变的关键过程与机制较为困难，需要对已发生转换或正处于退化进程中的湖泊进行长时间序列的数据收集，并基于深入的数据分析判定稳态转换的阈值、关键的驱动过程及可能的转换机制（Carpenter et al.,

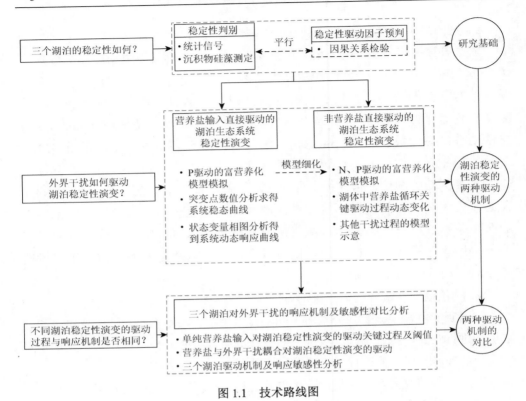

图 1.1   技术路线图

2011a；Liu and Scavia，2010；Suding et al.，2004）。长时间序列的湖泊数据往往难以收集，且数据缺失比较严重，目前常见的是采用"空间替代时间"的方法，利用大样本的湖泊调查，分析不同湖泊间的共性特征，识别相似湖泊的稳态转换关键过程，取得更具普适性的结论。

长期的湖沼学研究发现，湖泊生态系统稳定性演变的驱动可能存在两种机制：①由单纯的营养盐（主要是 N、P）负荷输入、累积从而造成湖体生态阈值被突破，进而驱动湖泊生态系统稳定性演变；②在营养盐长期输入、累积的基础上，耦合人类短期的强干扰，两者共同驱动，造成湖泊水体生态系统灾变（Badiou and Goldsborough，2015）。多稳态理论表明，湖泊稳定性现状不同，其受外界干扰的稳定性演变轨迹不同，其驱动过程和关键过程的阈值水平也各异，因此湖泊的选取是揭示其稳定性演变差异即驱动机制异同的重要基础。云南高原湖泊具有半封闭、水体交换周期长、流域人口密度高、强干扰、高敏感性等特点，湖泊水体容易受到营养盐连续输入及外界短时强干扰的驱动而发生稳定性转变。因此，本书选取云南高原湖泊作为研究案例。单一湖泊的生态稳定性演变过程十分漫长，且其驱动因子往往固定，选择处于不同生态稳定性的湖泊作为研究对象，借鉴"空间换时间"的思路，揭示多个生态稳定性各异的湖泊的 N、P 循环的驱动机制成为一个优选。

云南高原湖泊具有相对封闭、流域人口较多、对外界营养盐输入较敏感、受人为干扰程度严重等特点，高原湖泊生态系统九大稳定性都在发生一定程度的降低。基于北京大学之前的研究基础及数据可得性，选择云南高原湖泊作为研究区域。典型湖泊选取的主要依据如下：湖泊间的生态稳定性及富营养化程度不同；同区域、自然环境相对一致；湖泊相对封闭、年际水文条件较为稳定。基于上述分析，结合前期调研和研究基础，在参照湖泊位置、面积、富营养化水平的基础上，本书选择三个高原湖泊为研究对象：滇池、洱海、异龙湖（表 1.1）。其中，滇池为中度富营养化湖泊，洱海为中营养状态，异龙湖为中度富营养化湖泊，但其在 2008 年发生过灾变。三个湖泊不仅在水质、面积、富营养化程度、初级生产力水平方面存在很大差异，前期调研还发现其可能的富营养化灾变因子也存在差异，因此选取这三个典型湖泊开展生态系统稳定性演变及驱动机制的研究，具有较好的覆盖性和可对比性。

表 1.1　研究对象的选择

湖泊	湖泊面积/km²	流域面积/km²	平均水深/m	富营养化现状	稳定性演变的外界干扰	主要污染源
滇池	309	2920	5.3	中度富营养	外界负荷	生活源、陆域面源
洱海	249.4	2565	10.6	中营养	外界负荷	陆域面源
异龙湖	28.369	360.4	3.7	中度富营养	外界负荷耦合鱼类放养	陆域面源

1.3.1　滇池

滇池是我国重点治理的"三湖"之一，流域面积为 2920km²，湖泊面积为 309km²（1887.4m 水位），平均水深为 5.3m，库容为 15.6 亿 m³。由于处于云南省昆明市区的汇流下游，每年城市排放的大量企业废水、生活污水、城市农业面源径流通过 35 条主要河流汇入滇池。目前，滇池整体处于中度富营养化状态，水质改善和水生态系统恢复迫在眉睫（刘永等，2012）。

　　滇池湖体北部有一天然湖堤将其分隔为南北两水区，北部水区称为草海，南部水区是滇池的主体部分，称为外海。本书以面积更大、更具代表性的外海为主要研究对象。外海的 8 个常规国控监测点位分别是灰湾中（HWZ）、罗家营（LJY）、观音山中（GYSZ）、观音山西（GYSX）、观音山东（GYSD）、白鱼口（BYK）、滇池南（DCN）和海口西（HKX）（图 1.2）。

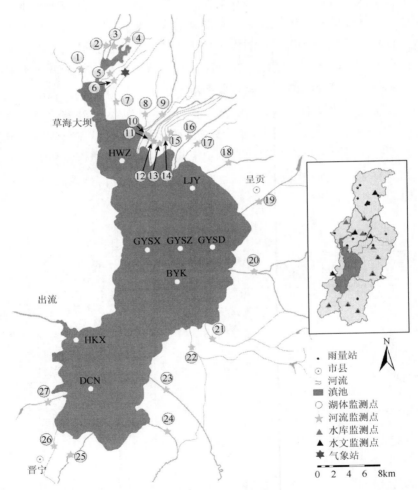

图 1.2　滇池湖体监测点位分布（图中的数字代表主要入湖河流）

1.3.2　洱海

　　洱海地处云南省大理白族自治州境内，是云南省第二大高原湖泊，属澜沧江-湄公河水系。洱海平均水深为 10.6m，最大湖深为 20m，湖泊面积为 249.4km^2，流域面积为 2565km^2。洱海流域示意图如图 1.3 所示。作为大理市主要的水源地，洱海支撑着整个流域约 820000 人的生活与发展，其中农村人口约占总人口的 67%。农业面源及生活污染源是流域的主要污染源，经济作物种植和畜禽养殖带来的农业污染是入湖负荷的主要来源。1996 年，洱海暴发蓝绿藻水华，此后，受丰、枯水年的影响，洱海水质处于波动阶段，2002 年后洱海水质由 II 类转为 II 类和 III 类并存，进入中营养状态。本书所使用的洱海入湖负荷数据为 2006~2009 年的月监测数据，来源于云南省环境科学研究院。

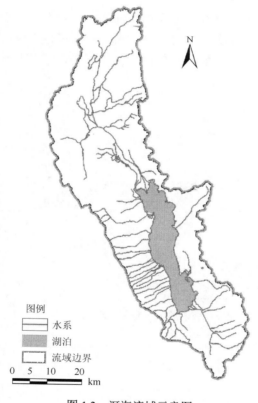

图例
- 水系
- 湖泊
- 流域边界

0　5　10　　20
km

图 1.3　洱海流域示意图

1.3.3　异龙湖

异龙湖位于云南省红河哈尼族彝族自治州的石屏县境内，是云南九大高原湖泊中最小的湖泊，湖泊面积为 28.369km²，流域面积为 360.4km²，平均水深为 3.7m，最大水深为 5.7m。异龙湖流域示意图如图 1.4 所示。异龙湖是典型的浅水湖泊，风的扰动使得湖泊上下层混合均匀。流域人口为 133000 人，流域人口密度为 360 人/km²，是云南九大高原湖泊中人口密度排名第 4 的流域，仅次于滇池、杞麓湖和星云湖，属于高密度人口区。流域城镇化过程的加剧及粗放的经济发展模式严重损害了湖泊生态系统。异龙湖的历史监测数据及湖泊水体调查结果显示，2008 年以前，湖泊呈现清水稳态，2008 年 10 月，湖泊内沉水植被大面积消亡、水质恶化，表征湖泊水体初级生产力水平的 Chla 浓度激增，湖体发生了显著的稳定性退化现象（Zhao et al.，2013）。对异龙湖进行水质改善及生态恢复，必须要先明确湖泊水体稳定性演变的轨迹及关键驱动过程。本书采用 1998～2012 年的月监测数据对湖泊稳定性演变及驱动过程进行模拟，数据来源于云南省环境科学研究院和石屏县环境监测中心。其中，1998～2004 年监测频率为每两个月 1 次，2005～2012 年为每个月一次。

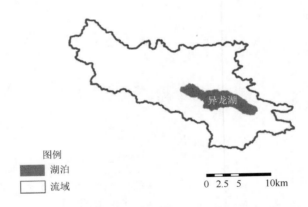

图 1.4　异龙湖流域示意图（Zhao et al.，2013）

第 2 章　国内外研究进展

根据上述研究目的、研究内容设计，在湖泊生态系统稳定性演变及其驱动机制的研究中，应当遵循"稳定性定量判别→驱动因子识别→驱动过程模拟"的思路，本章主要针对上述研究内容，首先引入湖泊生态系统稳定性研究的理论基础，进而对湖泊生态系统稳定性的定量判别以及 N、P 关键驱动过程的模拟等相关研究进展进行综述、分析和评价。

2.1　湖泊生态系统稳定性及稳态转换理论基础

2.1.1　生态系统稳定性与恢复力

自然生态系统都处于逐渐变化的外部干扰当中，在生态学和湖沼学领域，围绕着生态系统受外界干扰后维持自身稳定性的能力，衍生出包括生态系统稳定性、生态恢复力、生态系统弹性等概念。虽然这些定义的出发点各异，但是殊途同归，几乎所有的定义都是一致的，都旨在定量描述生态系统受外界干扰后的动态变化特征与轨迹。生态系统对于外界的干扰理应呈现平缓线性的响应，然而对湖泊、河口、海洋、森林等大量的研究表明，当外界环境状态的扰动越过了系统所能承受的临界点，即使是微小变化，都有可能导致系统的剧烈转换，这一临界点便是生态系统发生稳态转换的突变点（Kuznetsov，2013；Scheffer et al.，2001；May，1977）。

生态恢复力的提出也是将弹性思维引入生态系统的结果（Dakos et al.，2015）。一般而言，恢复力是动态系统远离平衡状态的行为。May（1977）首先阐述了生态系统的恢复力概念：生态系统的恢复力可以衡量系统在受到外界胁迫时的承载容量，其影响延续至今，成为稳态转换的基础。不同的研究角度导致了不同的生态恢复力的定义：Holling（1973）等认为生态系统恢复力是生态系统维持人类主观希望的状态时所能够应对外界干扰的度量，即系统在转变为一个具有不同的结构和功能的稳态之前所能够承受的扰动大小；另有研究人员从系统恢复学的角度定义生态系统恢复力，认为它是指生态系统发生变化后的自我恢复能力及遭受变化时保持核心的功能、结构、特征和反馈机制稳定的自组织能力（Folke et al.，2004，2003，2002）。Ives 和 Carpenter（2007）指出，生态系统的多样性决定了生态系统的稳定性，而生态系统越稳定，其抵抗外界扰动发生状态跃迁的能力就越强，生态系统恢复力也越强。对湖泊而言，生态系统群落结构越复杂，湖体富营养化程度越低，湖体生态系统稳定性越高，生态恢复力越强。由于生态系统自身的复杂性与动态性，生态系统稳定性并不是一个定值，相反具有明显的动态性，其大小会随着系统外界条件的变化而变化。一般用生态系统抵抗外界干扰或者是受外界干扰后恢复到原稳态域的速率来定义生态系统稳定性，因此生态系统稳定性难以以绝对定量来判断。

2.1.2 多稳态理论与稳态转换

不同系统对外部环境有不同的响应方式：一些系统的状态在外部压力的驱动下能够线性或者相对平滑地变化 [图 2.1（a）]；而一些系统对外部环境压力的响应则呈明显的非线性变化，当外部环境压力达到一定值的时候系统可能发生迅速变化 [图 2.1（b）和图 2.1（c）]。对于高度非线性的系统，系统可能存在多稳态，因此系统不同状态下的变化轨迹并不重合 [图 2.1（c）]（Scheffer et al.，2001）。湖泊生态系统由于其相对封闭性和复杂的内部反馈机制，通常是典型的存在多稳态的系统（Graeme and Garry，2017；Scheffer and Carpenter，2003）。"多稳态"理论为解析湖泊生态系统的稳定性演变及驱动机制提供了基础，也是本书数值模拟的理论出发点（Scheffer et al.，2001；李文朝，1997）。

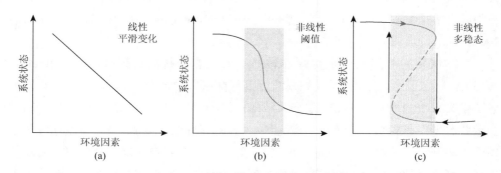

图 2.1 不同系统对外部环境变化的响应方式

对于生态系统稳态转换的概念界定源于美国学者 Holling（1973）发表的

"Resilience and stability of ecological systems" 一文，文章首次阐述了生态系统对胁迫的响应能力并引入恢复力（resilience）一词帮助人们理解生态系统对外界胁迫的非线性特征；随后，美国学者 May 1977 年在 Nature 上发表的 "Thresholds and breakpoints in ecosystems with a multiplicity of stable states"，阐述了生态系统的多稳态变化和阈值概念，并指出：生态系统的恢复力可以衡量系统在受到外界胁迫时的承载容量，而阈值则反映生态系统可能发生状态变化的临界点（May，1977）。Holling 对生态系统恢复力的研究，以及 May 阐述的生态系统多稳态变化和阈值概念初步奠定了生态学界对稳态转换的一致认知：持续的外来胁迫会降低生态系统的恢复力，从而使其超过阈值的范围并发生稳态变化。

　　尽管表述有所不同，但研究者对生态系统稳态转换内涵的认知基本一致，主要为：①稳态转换是在短时间内发生的，具有突然性和难以预知性；②系统的结构与功能发生明显变化，存在多稳态现象；③转换前后湖泊生态系统自身稳定性发生显著变化，并且该稳态能够长期保持，具有稳定性。

　　一般来讲，湖泊有两种稳定状态（Scheffer and Carpenter，2003）：①清水稳态，沉水植被覆盖度高，水质清澈；②浊水稳态，沉水植被覆盖度低甚至消失，浮游植物占优势，水质混浊甚至夏季有蓝藻水华暴发。两种类型都是相对稳定的，符合生态系统抵抗变化和保持平衡状态的"稳态"特性。湖泊发生稳态转换的最常见驱动因素是外源营养负荷的逐渐升高，湖泊从只存在单一稳态且系统弹性较大的状态逐渐出现多稳态。虽然最初系统仍然能够维持清水稳态，但随着负荷的增加，系统弹性不断降低（此时系统弹性可以理解为系统所处引力域的深度），湖泊系统在微弱的驱动作用下就能跃迁到浊水稳态。由于此时浊水稳态的系统弹性相对较高，若要实现系统回到清水稳态的转换，则需要较强的外部驱动力（Walker et al.，2012；Carpenter and Brock，2006；Scheffer and Carpenter，2003）（图 2.2）。但此时的关键问题在于，由于多稳态的存在，贫营养湖泊的富营养化进程和富营养湖泊的恢复路径不能完全重合，且二者要求的外源负荷阈值不相等，后者可能显著低于前者。假设湖泊在清水稳态阈值 T_1 处发生了突变（图 2.3），那么人们往往会预期，只要把负荷削减回到 T_1 或者略低的水平，湖泊就能够逐渐回到清水稳态。但实际上，由于此时湖泊内部结构发生变化，响应机制也不一样了，仅仅把负荷削减到 T_1 并不能实现富营养湖泊的恢复，而是需要继续削减到更低的水平，也就是浊水稳态阈值 T_2 才能实现富营养湖泊的恢复（Scheffer and Carpenter，2003；Scheffer et al.，2001）。而在这一削减过程中，由于湖泊内部的负反馈机制，水质往往并不会出现显著的改善。如果对这一过程没有充分的认识，很可能低估富营养湖泊的治理难度，进而影响实际治理效果（Folke et al.，2010）。

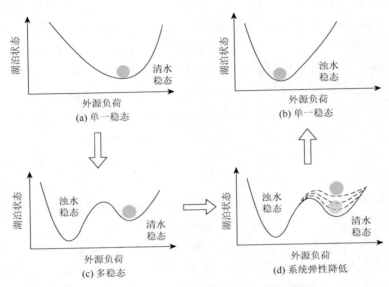

图 2.2　随着外源负荷增加湖泊多稳态的出现和弹性变化

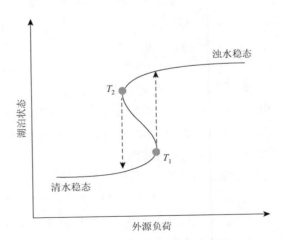

图 2.3　湖泊稳态转换与负荷阈值

多稳态理论不仅有助于解释湖泊生态系统发生的状态跃迁，更是对受损湖泊恢复至清水稳态提供了理论指导。在多稳态理论中，外界环境条件可能是一种主导条件，也可能是多种环境条件，如捕食压力、营养盐负荷、森林大火等。

在湖泊中，外界环境条件主要是外源性营养盐负荷、人为干扰湖泊生态系统结构等。

2.2　湖泊 N、P 循环关键过程对湖泊水体稳定性演变的驱动

根据多稳态理论，浅水湖泊生态系统一般存在清水稳态和浊水稳态。随着外源 N、P 的输入，湖泊水体初级生产力增加，随着营养盐的累积，湖泊水体中 N、P 沉降、再悬浮过程，以及进而导致的沉积物释放过程都会受到影响，进而导致生态系统稳定性下降，发生清水稳态—浊水稳态的跃迁。因此，本书从外源 N、P 输入及沉积物释放等过程来概述 N、P 循环关键过程对于湖泊水体稳定性演变的驱动。

2.2.1　外源 N、P 输入对湖泊状态变化的驱动

湖泊富营养化导致了许多湖泊水生植物消亡或覆盖度下降，使得许多原先以水生植物为主的草型湖泊生态系统转换为以浮游植物为主的藻型湖泊生态系统（Scheffer and van Nes，2007；Scheffer et al.，1993）。外源性营养盐输入是湖泊富营养化的主要原因，水生植物生长过程中需要 N 来合成蛋白质，需要 P 来组成 DNA、RNA 和传输能量，这两种物质是水生和陆地生态系统中主要的限制性营养盐（Conley et al.，2009）。营养盐胁迫导致的湖泊生态系统稳态转换在多个湖泊得到了证实（Ibelings et al.，2007；Sagrario et al.，2005）。荷兰费吕沃湖的长期观测数据表明，随着 20 世纪 60～70 年代总磷（total phosphorus，TP）逐步增加，当 TP 浓度增加到 0.15mg/L 后，湖泊中水生植物覆盖度在减少，水生植物完全消亡时湖泊水体的 TP 浓度高于 0.20mg/L（Ibelings et al.，2007）。通过削减营养盐负荷，费吕沃湖逐步恢复至清水状态，这期间湖泊经历了浊水稳态、浊水与清水的过渡状态、清水稳态。丹麦 204 个浅水湖泊（水深小于 5m，面积大于 5hm^2）的夏季 TP、总氮（total nitrogen，TN）浓度与水生植物覆盖度的调查表明：当 TP 浓度达到 0.1mg/L 以上、TN 浓度达到 2mg/L 以上时，水生植物的覆盖度趋于 0（Sagrario et al.，2005）。

尽管已有许多关于 N、P 引起的湖泊藻类暴发、水生植物消亡的观测实证、模型模拟等方面的研究，但有几个问题仍然存在争议（Stow and Cha，2013；马健荣等，2013；秦伯强，2007）：①N、P 在湖泊富营养化过程中究竟哪种物质是

主导的限制性因子，或者两者是否均需要得到控制（Conley et al.，2009）；②N、P 胁迫下湖泊富营养化高等水生植物大范围消亡的机制是什么；③保证湖泊处于稳定的清水稳态时，水体中的 N、P 含量需要降低到什么样的水平（灾变阈值与恢复阈值）（Scheffer et al.，2012）。

1. 主导限制性因子

Schindler 于 1977 年在 Science 上发表了"Evolution of phosphorus limitation in lakes"，该文根据加拿大湖区 227 号湖长期的大规模实验结果，指出 P 是湖泊富营养化主要的限制因子（Schindler，1977）。此后，"削减 P 负荷"成为北美洲和欧洲进行湖泊管理的主要策略，许多湖泊通过削减 P 负荷改善了水质（Fulton et al.，2015；Jeppesen et al.，1991）。理论上来讲，当湖泊中富含 P 而缺乏 N 时，由于固氮作用的补充，可能出现具有固氮功能的藻类暴发，缓解湖泊中 N 紧缺的问题，使湖泊仍处于 P 限制的状态（Müller and Mitrovic，2015；Moss et al.，2013）。Schindler 在加拿大湖区 227 号湖的 N、P 操控实验进一步证实了以上理论，在保持 P 入湖量不变而持续削减 N 入湖量的情况下，伴随着固氮蓝藻大量生长，湖泊仍然处于富营养化状态（Kagami et al.，2013；Camarero and Catalan，2012）。Jeppesen 等（2005）在丹麦 35 个湖泊的调查中指出，通过削减外源 P 负荷，湖泊的 TP 浓度降低，进而湖泊中的浮游植物结构发生了变化，浅水湖泊中的硅藻、隐芽植物、金藻的生物量明显增加。然而已有研究证明，N 对湖泊生态系统的作用可能被低估了。Gonzalez 等（2005）对丹麦浅水湖泊的调查发现，只有当夏季湖泊水体的 TN 浓度低于 2mg/L 时，大型水生植物的覆盖度才会比较高，而与 TP 浓度没有直接的关系，同时期 TP 的浓度范围为 0.03～1.2mg/L。美国阿波普卡湖是一个典型的 N 限制湖泊，Aldirdge 针对该湖的营养添加生物实验结果证明，在实验中添加 P 不能刺激浮游植物生长，但浮游植物对添加 N 有显著反应，并且湖泊中暴发的蓝藻并非固氮蓝藻（Carrick et al.，1993）。而单纯的 P 负荷控制策略也没有很好地改善阿波普卡湖的水质（Bachmann et al.，1999）。针对这种争议，Conley 等与 Schindler 和 Hecky 于 2009 年在 Science 上分别发表了"Controlling eutrophication：nitrogen and phosphorus"和"Eutrophication：more nitrogen data needed"（Conley et al.，2009；Schindler and Hecky，2009）。Conley 等认为蓝藻可以通过固氮得到足够的 N 源以支撑水体中利用 P 源生长的藻类繁殖的观点并不总能在湖泊中得到证明，在一些湖泊中，底泥和水体中的 P 循环迅速，浮游植物主要为不具有固氮功能的蓝藻，解决水陆系统中的富营养化问题需要合理地同时控制 N、P 两种污染物；Schindler 认为许多湖泊依靠仅控制 P 的手段取得了成果，但还没有哪个水生系统的研究证实，减少 N 的输入可以解决富营养化问题，还需要更多的有关 N 的数据。显然，关于 N、P 在湖泊富营养化过程中究竟哪种物质是主导的限制性因子，以及是否两者均需要得到控制的问题，是事关湖泊富营养化控制策略的基本问题，目前尚未达成一致意见，也可能因不同湖泊而异，需要更多的实验、模型去回答这个问题。

2. N、P 营养盐胁迫下水生植物消亡及反馈机制

N、P 营养盐胁迫下水生植物消亡、湖泊由清水稳态转换为浊水稳态的机制，是通过营养盐胁迫下湖泊水体浮游植物、附着植物、浮游动物、沉积物、鱼类及水生植物相互之间的正反馈作用实现的（图 2.4）（Zimmer et al.，2009；Scheffer and Jeppesen，2007；Anton et al.，1989）。

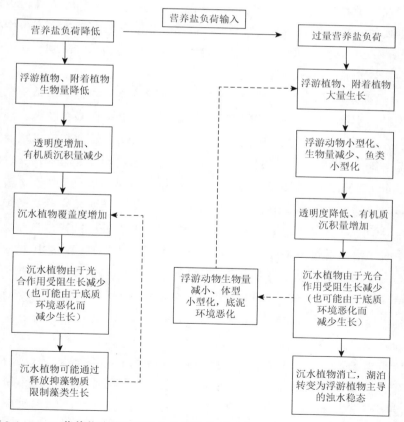

图 2.4　N、P 营养盐胁迫下湖泊水生植物生长消亡过程图（改自 Hough，1989）

　　水生植物消亡的第一步是 N、P 营养盐过量输入至湖泊导致藻类、附着植物大量生长，这个过程将降低湖泊的透光性（Bachmann et al.，2002），显著减弱水生植物的光合作用（秦伯强等，2006），降低水生植物的生物量、结构组成及覆盖度。但是，这一过程并不能导致水生植物的完全消亡。就透光性而言，一方面，在水生植物存在的情况下，藻类、附着植物的生物量难以大量增加（秦伯强等，2006；Jones and Sayer，2003）；另一方面，藻类对湖泊透光性的影响相对较小，并不足以将湖泊的透光性降低至水生植物完全无法生长的条件。太湖的研究发现，光的衰减主要受悬浮物和 Chla 影响，其中主导因素是悬浮物，浮游植物对光的衰减能够在一定程度上降低真光层深度，但水生植物依然能够生长（张运林等，2006）。

　　随着水生植物覆盖度、生物量减少，水生植物对维系湖泊清水稳态的正反馈作用减弱，浮游动物数量减少、体型小型化，附着植物生物量增加，底泥再悬浮及营养盐释放作用增加。浮游植物生物量和底泥再悬浮增加使得湖泊的透明度进一步减弱、浊度增加、透光性减弱，而水生植物在与藻类的光竞争中处于劣势（Bilotta and Brazier，2008），水生植物的生长受到明显的光限制，这种情况下湖泊生态系统处于不稳定状态。

　　N、P 负荷增加或者减少能够使湖泊发生稳态转换，然而生态系统稳态转换理论与大量的实例表明，在一定的 N、P 浓度下，湖泊存在多个稳态。湖泊生态系统稳态存在一定的随机性，单纯的 N、P 负荷增加或者减少并不一定能够导致湖泊生态系统稳态转换，一些突发性干扰也许在稳态转换中起着非常关键的作用（Scheffer and Jeppesen，2007），如风浪、湖泊水位升高、极端气候、大量草食性鱼类放养等，都可能使得湖泊水生植物大量消亡或者生长而发生稳态转换。实际上这也是湖泊生态修复的理论基础，即单纯的负荷削减并不能完全恢复良好的湖泊生态系统，需要通过生态修复的协同手段，包括鱼类控制、水生植物修复，才能将湖泊由浊水稳态转换为清水稳态（秦伯强，2007）。丹麦多个湖泊的长期观测表明，单纯的负荷削减情况下湖泊的水生植物基本保持稳定，而同时进行负荷削减和生物操纵的湖泊水生植物明显增加（Jeppesen et al.，2005；Perrow et al.，1994；Søndergaard et al.，1990）。

　　综合目前的研究，N、P 营养盐是湖泊生态系统稳态转换的必要先决条件，但不一定是充分必要条件，其所起的最主要作用是削弱湖泊生态系统的稳定性，为突发性诱因奠定基础，进而引发一系列湖泊生态系统的连锁反应，引起湖泊光照、底泥环境、浮游植物、浮游动物、附着生物等生物与非生物因子结构组成上的变化，并最终导致湖泊生态系统稳定性的减弱及稳态转换的发生。

3. 湖泊生态系统稳定性演变的 N、P 驱动阈值水平

尽管对 N、P 在湖泊生态系统稳态转换中的具体机制仍然存在一些争议，但达成共识的是，N、P 是引起稳态转换的最重要因素，限制水体中营养物的输入，是控制富营养化及其负面影响最重要、最敏感，同时也是最可行的做法（Conley et al.，2009）。对湖泊而言，主要存在两个 N、P 阈值：①由清水稳态转换为浊水稳态的灾变阈值；②由浊水稳态转换为清水稳态的恢复阈值。灾变阈值是对湖泊生态系统做出预警的重要依据，恢复阈值是制定湖泊管理与恢复策略的重要基准。在对 N、P 阈值的研究中，研究者采用实验观测、统计分析、模型模拟等多种方法研究了湖泊的 N、P 含量（负荷）阈值，取得了丰富的成果。例如，Solheim 等（2008）针对欧洲 1000 个湖泊的调查发现，蓝藻与 TP 之间及水生植物与 TP 之间均存在阈值现象，当湖泊 TP 浓度高于 12～20μg/L 时，湖泊水体的蓝藻数量会大幅度增加，当湖泊 TP 浓度高于 20～40μg/L 时，水生植物会明显减少；Zimmer 等（2009）通过对美国 72 个浅水湖泊的调查指出，湖泊水体 TP 浓度小于 0.62mg/L 时，湖泊能够保持清水状态；经历了富营养化、水生植物消亡和逐渐恢复的费吕沃湖，其水生植物消亡时的湖泊水体 TP 浓度高于 0.20mg/L，而大型水生植物恢复时的湖泊水体 TP 浓度小于 0.10mg/L（Ibelings et al.，2007）。目前来说，湖泊水体生态系统稳态转换的 N、P 阈值水平多是通过单一湖泊长时间实验监测、多湖泊对比得出的，通过模型动态模拟及情景分析来反演甚至预测受损湖泊生态系统 N、P 输入阈值的研究仍较少。

2.2.2　沉积物释放造成的内源负荷对湖泊水体稳定性的影响

沉积物为藻、草共同的主要营养盐来源，为两者生长演替提供生境条件；在一定的物理化学条件下藻类具有竞争优势，而水生植物能够起到减少沉积物再悬浮、改善透明度、为浮游植物提供庇护等积极作用（Lammens et al.，2004；Bachmann et al.，1999）。然而，一方面，水生植物的积极作用需要一定的外部条件才能够展现；另一方面，水生植物也可能因自身对沉积物的氧化还原电位、温度、pH、有机质等物理化学微环境的负面影响而导致藻-草稳态转换过程的迟滞甚至逆转（Yin and Kong，2015；Scheffer and van Nes，2007；van Nes et al.，2007）。

　　要明确沉积物对藻-草稳态转换营养盐的贡献及三者间的反馈关系，需首先分析沉积物中的营养盐特征及释放过程。上覆水体中的 N、P 进入沉积物-水界面后要发生一系列物理化学及生物变化，即沉积物的埋藏过程，而这些变化在颗粒到达沉积物-水界面时就立即开始。沉积物在埋藏过程中的变化称为"成岩作用过程"，指的是沉积物埋藏初期在沉积物-水界面及其附近所发生的各种化学反应和迁移过程，包括氧化还原、溶解沉淀、吸附解吸、迁移富集及微生物活动等作用。其特点是释放面积大，释放时间、途径和释放量均有不稳定性（唐汇娟，2012）。水温、气象、化学和生物作用导致底泥中原沉积淤积的 N、P 再释放，当外源 N、P 切断后，底泥释放对藻类的增长有着重要影响。尤其对于浅水湖泊，底泥 N、P 的内源性供应更应受到重视。

　　就富营养化湖泊而言，目前的关注重点在于沉积物的释 P（Slomp et al.，1998）。研究发现，沉积物释 P 是水体中 P 即时浓度变化的一个重要来源（Surridge et al.，2007；Rossi and Premazzi，1991）。水文条件（如水位、风速、流速及其变化）能改变沉积物的养分有效性、氧化还原条件、沉积物属性及 pH，是底泥营养盐释放的关键影响因子，也是底泥营养物质浓度、存在形态及迁移转化的重要影响因子（Yi et al.，2015；Fisher et al.，2005）；其中溶解氧（dissolved oxygen，DO）尤为重要，好氧与厌氧条件下沉积物 P 的释放过程差异显著。温度、pH 等因素因其对 P 的吸附起到促进作用而遏制沉积物 P 的释放，夏季水温升高，湖泊底部处于厌氧状态，氧化还原电位下降，使存储在底泥中的营养物质以还原态释放出来并进入水体；当湖泊出现溶解氧浓度低、存在大量厌氧菌群时，则会促进底泥 P 的释放（Harris et al.，2015；Krivtsov et al.，2001；Rossi and Premazzi，1991）。在一些湖泊实验中也发现，氧化还原条件、水生植物和沉积物中的微生物条件共同作用，为营养盐元素的迁移转化创造条件，并进而影响了水体中营养物质、植被（草）和藻类等的结构关系与存在状态（Dessouki et al.，2005）。在水生植被与沉积物释放的关系分析中，有研究表明大型植物在生长季可以抑制底泥中营养物质的释放，然而在植物死亡时反而会成为附加的 P 的来源（Barko and James，1998）；但也有研究认为大型有根植物在生长季可以促进底泥中营养物质的释放。

　　在一定条件下，水生植物也会通过对湖泊沉积物、营养物质滞留的负反馈作用而促进湖泊沉积物释 P，从而诱导生态系统稳态转换。荷兰的博茨霍尔湖在 1991～2007 年外源负荷都维持很低的水平，然而每 7 年仍会发生周期性的草-藻型稳态转换。为揭示该周期性稳态转换的驱动力，van Nes 等（2007）通过建立水生植物与湖泊水体 P 滞留关系模型、厌氧状态沉积物释 P 模型来揭示该周期性稳态转换的潜在驱动力是否是水生植物。两种模型都能够模拟湖泊水体的周期性稳态转换，相对而言水生植物与厌氧状态沉积物释 P 模型的模拟结果更接近于实际情况。水生植物死亡后以有机质的形式大量累积于湖泊底部，有机质的耗氧分解使得沉积物-水界面处于厌氧状态，促使沉积物释 P，内源 P 的释放促进了藻类生长并导致水生植物生长所需的透明度降低，最终致使水生植物消亡，湖泊由清水-草型转变为浊水-藻型。这种由于水生植物对湖泊水体营养状态负反馈，进一步导致湖泊向着不利于自身生长的条件发展的现象称作"时间炸弹"（time bomb）（Scheffer and van Nes，2007）。如果浊水-藻型状态下湖泊底质有机质能够逐步分解损失并产生好氧状态，沉积物 P 释放量减少，湖泊又会由浊水-藻型转变为清水-草型。因此，水生植物对湖泊稳态转换既存在正向驱动机制，又存在负反馈作用，而沉积物在其中起着关键作用。

借助弹子模型，更为形象地描述由 P 的持续输入而导致的湖泊生态系统变化过程（图 2.2）。弹子的位置表明湖泊所处的状态（如湖泊中 P 的浓度），湖水清澈见底（低 P、低藻）表明系统处于稳定状态（引力域山谷底部），引力域的大小表明湖泊在保持恢复力的前提下，最大程度上可以吸收的 P 的量。P 营养一旦增加，弹子在引力域的位置就会改变，但是，在一定程度内，这不会彻底改变整个湖泊系统的运行方式，湖泊系统能够容纳一定程度的 P 增加，并且维持基本的结构功能不变，其缓冲区域就是它与阈值之间的距离。如果外源 P 长期输入，就会使得 P 持续在湖泊沉积物中积累，形成另一种新稳态的可能性就会越来越大，阈值也就随之形成。水体中的 P 维持高含量一段时间后，藻类就会生长堆积。死亡的藻类下沉至湖底并分解腐烂，耗尽底层水体中的氧气。在低氧条件下，湖泊沉积物中的 P 被释放回水体，导致水体中 P 含量突然增加，系统在引力域山谷中所处的位置发生了进一步变化，系统恢复力进一步减弱。

随着外源 P 的输入，沉积物中 P 的释放而引发的湖泊水体中一系列连锁反馈效应加强，水体中 P 含量增加，系统已经跨越阈值，进入了高 P 的稳态。此时，即使没有新的外源 P 输入也足够维持藻类的生长；继而，水体底部的低氧环境得以保持，湖泊无法再回到原来的澄清状态。

2.3　湖泊生态系统稳定性定量判定研究

由多稳态的理论基础可知，湖泊生态系统稳定性的定量判别，其实就是稳态转换的定量判别。国内外稳态转换的定量判别的主要方法为实验观测、统计分析和模型模拟三种。

2.3.1　实验观测

实验观测是确认湖泊生态系统自身稳定性、稳态转换的发生，并揭示其可能的驱动力、判断生态系统阈值的最具有说服力的手段。

1）全湖实验与围隔实验

从实验观测的范围来讲，实验可分为全湖实验、围隔实验。全湖尺度的实验最贴近生态系统的真实情况，可以很好地判别稳态转换的发生，并起到一定的预警作用。Carpenter 等（2011）在 2008～2011 年连续 3 年向实验湖泊生态系统中引入顶级捕食者，与此同时，研究团队选择临近的、湖泊生态系统结构类似的湖泊作为参照湖泊。3 年后，实验湖泊的生态系统食物网结构发生了明显的稳态转换，捕食者由浮游生物食性的鱼转变为大口黑鲈（别名加州鲈），从而证实了通过全湖实验观测，可以较为直观准确地反映出生态系统发生的稳态转换。然而由于全湖实验难以调控和预先判定状态变化，目前来说案例较少。为了从实验方面获得突破，小型围隔以其可控性好、容易观测和得到结果等优点，逐渐被广泛运用到研究当中。为了探究波罗的海北部的近岸区水体富营养化驱动力，Heiskanen 等（1996）设置了 5 个体积均为 30m³ 的围隔，研究限制性因素（上行途径，如营养条件、资源竞争等）和控制性因素（下行效应，如摄食压力等）对夏末浮游生物群落的影响；通过对 N、P 富集的调控和滤食性鱼类数量的交叉实验来观察围隔中有机态的 C、N、P 元素含量、Chla 水平，以及生物量和基质沉积物营养盐组成等的变化。分析发现，在湖泊富营养化过程中，食物网结构、外源营养物质输入、沉积物营养盐释放、浮游动物摄食选择等因素对水柱中营养物质浓度升高都起着至关重要的作用。为了检验氮磷比（N∶P）和 P 削减对蓝藻水华暴发的影响，Xie 等（2003）在武汉东湖设置了一系列 2.5m×2.5m×3m 的围隔，在其他条件不变的情况下，通过注入含 P 量不同的湖水和底泥，改变了水柱和沉积物中 P 元素含量，结果发现蓝藻水华暴发的主要原因是底泥中 P 元素的释放使水柱中 P 的含量过高，从而说明之前流行的"N∶P"假说并非水华暴发的直接原因，而是蓝藻促使底泥中结合态 P 释放到水柱中使"N∶P"下降所致。

2）特定湖泊观测与大尺度湖泊调查

从实验观测的对象来讲，实检可分为特定湖泊的长时间序列观测数据分析、大尺度湖泊调查。通过对特定湖泊选择一个或多个具体的指标进行长时间序列观测，分析判别稳态转换是否已经发生，识别营养盐的阈值浓度、稳态转换前后湖泊生态系统结构组成的变化，进而判别湖泊生态系统稳态转换可能的驱动因子（Boll et al.，2012；Carpenter and Lathrop，2008；Kemp et al.，2005）。外界驱动因子对系统的干扰可能具有时间上的遗留性。例如，湖泊内源负荷的释放与沉积物中 N、P 等常年的积累有关，因此长时间的实验观测及分析不仅可以关注系统本身的变化，还可以关注外界扰动长时间的遗留效应。Cloern 等（2007）通过对旧金山（San Francisco）湾区的生物群落的监测发现，稳态转换发生在排入河口的营养物质浓度急剧减少的时期，由此推断营养盐（N、P、Si）浓度变化并非生物群落稳态转换的驱动力；辅助实验观测得知，同时期以浮游植物为生的双壳类生物的生存压力增加，可以很好地解释浮游植物生物量的突增；在萨凡纳（Savannah）河河口的盐碱度变化与鲈鱼的数量关系的监测分析中发现，盐碱度水平与河口中鲈鱼种群数量呈负相关，结合鲈鱼数量变化是河口富营养化的主要因素的历史研究结论，研究人员推断出盐碱度的变化是该河口发生稳态转换的驱动因子（Reinert and Peterson，2008）。为了明确历史上湖泊生态系统的结构与富营养化进程，研究者也在尝试利用沉积物硅藻记录、稳定同位素反演生态系统演化过程。例如，Kemp 等（2005）通过底泥断代反演推断美国切萨皮克（Chesapeake）湾过去 200 年间生态系统结构演变，得出浮游植物的增加及水体透明度的下降最先出现在 100 年以前，周期性的深水低氧及沉水维管束植物的减少最初发生在 20 世纪 50 年代。这些物化环境的变化造成底栖生物种群结构的显著变化，即发生稳态转换。从恢复生态学的角度上来讲，对特定湖泊进行生物操控后，采用长时间序列观测，可以帮助其评估生态操控措施的有效性，为受损湖泊的恢复提供科学支撑。为了评判丹麦瓦恩湖生物操控（去除鲤科鱼类）对恢复受损湖泊的有效性，在生物操控实施后的 18 年间，Boll 等（2012）对湖泊中水生大型无脊椎动物丰度的变化和浮游动物、小型无脊椎动物的 C、N 同位素变化进行了观测。观测结果显示，在去除鲤科鱼类的前 9 年，水质明显好转，透明度增加，大型沉水植被成为优势种；然而之后的 9 年中，植被丰度减少、水质下降。由此可知，任何生物操控措施的进行，人为地改变生态系统结构都应当控制一定的度。

由于系统的非线性动态特征，不可能通过单一因子、小范围单一案例研究来得出期望的结论，因此，长期观测实验、大尺度实验，加之可比较性的案例研究和模型构建才是最为科学有效和适用的方法。对于不同的湖泊，湖泊水位的差异、营养化进程间的差异、水质本底的差异、流域内物质输入过程的差异、生态系统结构的差异、各湖泊流域的社会文化和经济发展水平等方面的差异叠加，使得各湖泊在生态环境方面的个性差异显著，因此在大尺度层次开展湖泊生态系统稳态转换驱动机制对比研究，识别其共性与差异性特征，对于湖泊富营养化防治及受损湖泊恢复是十分重要的。为了识别 N、P 在全球陆域、海洋及湖泊生态系统中对于初级生产力限制性作用的共性特征和个性差异，Elser 等（2007）将全球生态系统分为陆域、湖泊、海洋 3 类。通过检索 ISI Web of Science 库，得到不同文章中营养盐及生态系统的基础数据，从而进行全球尺度的分析。分析结果显示，P 的限制性作用在 3 种生态系统中显得同样重要，N 对于海洋生态系统的限制性作用要强于 P，这可能与固氮作用在海里不是很明显，需要大量外源 N 有关（Conley et al.，2009）。尽管这一研究强调了对于不同生境的生态系统，N、P 等营养盐的循环过程，对于浮游生物体型、生命史（life history）甚至系统发育（phylogenetic affiliation）有不同的影响机制，但是在这三种生态系统 N、P 的循环过程中，限制性作用还是有共性可循的。大尺度湖泊观测对得到全球适应性的结论（如“控 N 还是控 P”）而言，是一种较为常见的研究方法，也备受国际湖沼学研究者青睐。由前所述可知，国际湖沼学对于 N、P 对生态系统的主导限制性作用尚未定论，大尺度湖泊调查成为主要的研究方法。20 世纪 80 年代，通过一系列的全湖实验和全球范围内河口、海洋的研究，N 逐渐被认为是海洋、河口生态系统中的主导限制性因素（Howarth and Marino，2006）。Brown 等（2000）通过对芬兰 360 个湖泊生态系统的数据进行分析，得出这些湖泊中 Chla 的值与湖泊水体中的 TP 有明显的反曲（sigmoid）关系，且 TP 浓度在 $3\sim100\mu g/L$ 时，Chla 对于 P 的响应效果最为明显。该大尺度湖泊调查数据显示，Chla 与 TP 的相关性明显优于湖泊水体中 N 的浓度（TN）。Jeppesen 等（2005）在丹麦 35 个湖泊的调查指出，通过长期削减外源 N、P 负荷（$10\sim15$ 年），湖泊水体中 N、P 的浓度显著下降，水体透明度增加，然而湖泊水体中浮游植物种群及生物量主要随着 P 浓度的降低而发生变化，进而湖泊中的浮游植物结构发生了变化：深水湖泊中金藻门成为优势藻，浅水湖泊中的硅藻、隐芽植物、金藻的生物量明显增加。Zimmer 等（2009）分析了美国明尼苏达州的 72 个浅水湖泊 $2005\sim2006$ 年的生态系统，以确认这些湖泊是否已发生稳态转换，以及可能的驱动力是什么。通过对沉水植被盖度、营养盐浓度及 Chla 与 TP 的关系进行聚类分析，结果显示其中的 39 个湖泊处于草型稳态，23 个湖泊处于藻型稳态，其余的 10 个受损湖泊正处在稳态转换的转换期。Finlay 等（2013）在对全球尺度的 109 个湖泊进行研究后发现，湖泊中 N 的去除率（底泥沉降及出流）与湖泊水体中 P 的浓度及外源 N 负荷有着十分显著的正相关关系。该研究指出，单一控制 N 或 P 营养负荷对于湖泊富营养化防治并不十分有效。考虑气候因子是大尺度的因子，因此大尺度湖泊观测对于研究气候因子对湖泊生态系统营养物质循环、生态系统结构的影响也是十分有效而又必要的方法。Kosten（2010）对南美洲内南纬 5°～55°的 83 个浅水湖泊采样，用以辨别气候、湖泊流域自身特征对湖泊中营养盐浓度的影响作用。研究选取沉积物中营养盐浓度、水体中营养盐浓度、固氮菌的种群密度等作为指示因子，得出湖泊或流域自身的特征（如土地利用类型、湖泊水动力条件、沉水植被盖度等）而非气候条件是湖泊营养盐浓度的首要限制因子。

2.3.2　统计分析

稳态转换领域中，为确定诱导稳态转换发生的外界因子，最有效的方法就是建立模型进行模拟；然而模型模拟具有相当大的不确定性，且因对稳态转换的具体准确机理不是很清楚而难以规避。同时，虽然有研究人员提出可使用简单的机理模型从理论上揭示稳态转换阈值点的存在，也有利于从生态恢复的角度认知稳态转换现象，但是模型复杂的参数估值依赖于对生态系统复杂的过程机理的了解（van Nes and Scheffer，2003），这使得将模型模拟运用到预测稳态转换发生变得不切实际。鉴于此，寻求独立于复杂机理的统计方法，并利用统计分析来揭示长时间序列监测数据的规律，并借以判断或者预警稳态转换现象的发生是目前最为常用的方法。

统计分析的对象主要是非线性长序列时间尺度上的监测数据，以寻求特征统计参数的显著差异。已有研究中采用的方法有随机抽样（bootstrap）和向量自我回归模型（vector autoregressive model，VAM）（Qian et al.，2003），以及定量递归分析（recurrence quantification analysis，RQA）（Guttal and Jayaprakash，2008）和递归图（recurrence plots，RP）等。统计分析方法主要是将稳态转换看作时间序列上的突变，从而将其视为向量自我回归过程中的变化点加以分析。采用统计分析方法的优点是长时间序列统计量会在稳态转换发生前出现异常现象，而这些变量的显著差异的观测并不需要掌握湖泊生态系统的复杂动态机制和过程（Dakos et al.，2015；Guttal and Jayaprakash，2008；Qian et al.，2003）。目前对阈值判定的常用统计方法主要有如下 5 类。

1）方差或标准偏差的增加

近年来，越来越多的研究发现，在分析长时间序列的变量数据时，在稳态转换的阈值点之前总是伴有标准偏差或方差的增加（rising variance），即稳态转换发生之前一般会出现方差的波动。通常情况下，在临近稳态转换点时，方差会出现暂时的波动（多为增加），方差图谱向长波段（即短频）方向移动（Carpenter et al.，2009；Repetto，2006；Kleinen et al.，2003）。据此可初步断定，标准偏差可作为恢复力和系统跃迁的预警指标（Guttal and Jayaprakash，2008；Schröder et al.，2005；Beaugrand，2004）。国内外已有许多研究实例运用方差或标准偏差的增加作为预测稳态转换现象的手段。例如，在对北大西洋海陆循环系统研究时发现，海洋-大气模型的方差图谱在系统接近稳态转换阈值点时发生了向低频段移动的现象，与之前的时间序列值产生明显的差异（Carpenter et al.，2009）；对浅水湖泊中水生植物群落进行研究时发现，在"大型水生植物数量模型"模拟的长时间序列数据图中，在接近多稳态曲线的阈值点时，方差出现明显的增加（Carpenter and Brock，2006）。Carpenter 等引入水生系统的顶级捕食者来破坏其固有的食物网，通过观察统计数据的显著性变化，如方差突增、恢复率骤减等，成功地在该生态系统食物网完全变化前做出预警，验证了统计数据的一些显著变化可以作为稳态转换发生的判断依据（Carpenter et al.，2013；Gal and Anderson，2010；Genkai-Kato，2007）。此外，在对货币政策、全球气候变化等的长时间序列数据分析中，也都观察到了在系统稳态变化的转折点之前会出现数据方差增加的现象（Dai et al.，2012；Brock，2006）。

但在湖泊研究中需要注意的是，由湖泊与底质之间的循环造成的方差增加与由外源输入造成的方差增加很难区分，因此在对浅水湖泊水质数据进行长时间序列方差分析时，只有将外界扰动与湖泊与底质本身的循环两个过程同时考虑，才能真正地将方差增加作为指示性指标。为此，Carpenter 和 Brock（2006）构建了一个地表土壤中 P、湖泊中 P 和底质沉积物中 P 浓度相互转换的模型。模拟发现，随着水中 P 浓度的增加，峰值逐渐向富营养化方向移动，在阈值点之前，集群现象最为严重，模拟结果很好地验证了方差增加对稳态转换的预警现象。综上，使用方差的增加作为判断稳态转换现象发生的依据，最大的优点就是可通过直观的统计数据图来做出判断，准确性较高；然而，通过观察方差或标准差是否突增来预警稳态转换现象需要大量的长时间序列数据，存在数据收集上的困难（Carpenter et al.，2011；Kleinen et al.，2003）。

2）偏度突变

利用生态系统动力学模型模拟发现并已证实，在系统接近稳态转换的突变点时，由大量外界随机因素造成的非线性影响表现越发活跃，从而导致大量数据所呈现的非对称性趋势越来越明显（van Nes et al.，2002），因此非对称性规律逐渐明显可作为判别稳态转换发生的一个重要因子。在稳态转换研究领域，数据的偏度（skewness）改变可以准确衡量统计分析中长时间序列数据的对称性是否发生变化。因此，对长时间序列数据进行统计分析，如果得到的数据曲线的偏度突然发生改变，可以预测系统即将越过稳态转换阈值点向其他稳态转变（Carpenter and Brock，2011；Carpenter et al.，2011；Guttal and Jayaprakash，2008）。例如，Guttal 和 Jayaprakash（2008）通过改变湖泊富营养化模型参数来模拟多稳态现象，将贫营养和富营养状态作为两个稳态，分析发现在多稳态曲线的阈值点前，随着外界扰动参数的不断增加，统计分析数据曲线形状对称性明显下降，数据偏度值发生明显改变，这种趋势在稳态转换发生前 10 年就已呈现，从而验证了偏度突然改变可以很好地预测湖泊富营养化现象的发生。

　　使用偏度的突变来预警稳态转换不局限于湖泊生态系统，对于其他存在多稳态现象的系统依旧适用。研究人员在通过模型模拟海洋生态系统中鱼类数量的变换时发现，远离鱼群数量锐减点时，模拟得到的生态系统动力图谱十分对称，计算曲线中各点数据的偏度未发现突变；然而在接近鱼群数量锐减点，即多稳态曲线阈值点时，整个曲线偏度发生数量级的改变，整个图谱明显发生不对称转换，很好地佐证了通过偏度的变化可以预知稳态转换的发生（Steele，1996）。此外，Narisma 等（2007）在对半干旱地区植被覆盖率进行研究时，将降水量作为影响植被数量的外界干扰因子，认为植被数量存在多稳态现象。随着降水量的不断改变，统计分析长期监测到的植被数量发现，在植被覆盖率降为不可恢复的低水平前，统计曲线的偏度发生了很明显的突变，曲线的对称形态也明显异于之前的形态。由此推断，偏度的改变可以作为统计方法预警稳态转换现象发生的依据，基本可以达到要求的精度。使用偏度改变作为稳态转换预警因子既可以量化系统稳态变化的程度，又可独立于复杂的生态系统过程机理之外，但对长时间序列的数据要求较高。

　　3）条件异方差

　　条件异方差（conditional heteroscedasticity）是指长时间序列数据的方差所出现的持久性的集群波动（clustered volatility），多用于经济系统，在生态系统中的应用并不多（Engle，1982）。使用条件异方差作为预警因子，优点是不仅可以准确定位稳态转换发生的具体点，还可以推断出这种稳态转换是否可以恢复，这一点比偏度的改变预警效果更好。此外，使用条件异方差预警，优于模型模拟等方法，其指示因子出现的随机性很理想，不需要引入参照生态系统数据进行观测（van

Nes and Scheffer, 2005; Engle, 1982)。具体而言, 在系统接近稳态转换阈值点前, 会出现集群波动, 这些波动的幅度都很大, 而在远离转折点时波动的幅度较小。在最小二乘法分析中, 有着稳定的剩余方差是采用这种方法的假设性前提。目前, 已有很多方法被开发用以判断集群波动, 如最小二乘回归、协方差估计等。一般来讲, 这些序列具有互相依赖性, 因此会造成集群波动。如果只是出现波动, 便可判断方差会增加, 预警稳态转换可能出现, 湖泊并未发生永久的转换, 可以恢复; 如果不仅出现波动, 而且条件异方差峰值出现, 那么湖泊将会朝不可逆的方向发生转换, 很难恢复原有的平衡态 (Wang et al., 2012; Drake and Griffen, 2010; Taylor et al., 1993)。

Seekell 等 (2013) 选用 4 个模型对条件异方差的预警效果进行验证, 通过不断变换时间步长, 在 4 个系统数据中都发现: 在稳态转换阈值点之前很长时间, 模型变量就会出现明显的集群波动现象, 很好地佐证了使用条件异方差方法可以判别稳态转换的发生。然而仍有一些系统使用条件异方差来解释是不充分的。已有的研究发现, 在应用富营养化模型对一个处于贫营养状态的特定浅水湖泊进行模拟时发现, TP 浓度并未出现显著的集群波动, 但 4 年后却发现该湖泊发生了向富营养化状态改变的趋势。因此, 在使用条件异方差方法预警稳态转换之前, 对于潜在稳态转换机理进行研究十分必要。

4) 自相关性增强

如前所述, 弹性力好的系统及远离稳态转换的系统, 会有很高的恢复速率, 而接近稳态转换点的系统, 标准偏差和自相关系数都远远高于弹性系统。因此, 研究变量的自相关系数显著增加可以作为稳态转换现象发生的预警因子之一。目前已有研究对此进行分析。例如, Scheffer 等 (2009) 对湖泊由清水状态转变成为富营养状态进行了变量自相关系数验证, 结果表明: 在系统发生稳态转换之前, 变量的自相关性明显增强, 反映在图谱中即在阈值点之前, 信号数据会出现红波 (red spectrum) 现象。不同于 Scheffer 的研究, Seekell 团队以生物群落为研究对象, 认为物种数量处于不同的稳态, 物种灭绝实质是发生了稳态转换现象。研究组以物种数量为因变量, 分析生境退化对物种灭绝的 "贡献"。随着环境退化参数的不断增加, 物种数量出现显著下降趋势, 表征物种丰度的信号数据自相关性明显增强, 明确验证了大量统计数据自相关系数的增加可以作为稳态转换的预警因子 (Seekell et al., 2011; Drake and Griffen, 2010)。

5) 干扰后的恢复速率

生态系统都有一定的弹性, 反映了生态系统受外界干扰后的恢复能力。根据多稳态理论可知，生态系统维持在一定的稳态下的能力称为弹性。随着外界条件的不断干扰，生态系统抵抗外界影响而维持在现有稳定状态的能力越来越弱，即弹性不断降低，超过一定的阈值后，即发生稳态转换。越接近稳态转换的转折点，生态系统的弹性越低，抵抗外界干扰的能力就越低，系统受外界干扰后的恢复能力也越低（Dakos et al.，2015；van Nes and Scheffer，2007）。在一个连续的系统中，随着系统弹性的下降，在接近稳态转换阈值点时，恢复速率降为 0，因此干扰后的恢复速率也可以用来衡量生态系统弹性大小和预警稳态转换的发生（Held and Kleinen，2004）。实际研究中，系统受外界扰动后，恢复到原有稳态曲线所需的时间长短被用来表征恢复速率。例如，Scheffer 等（2009）在 *Nature* 上撰文指出，如果忽略掉每个系统的差别，任何系统在稳态转换的突变点前总会出现相似的特征，并且验证了在稳态转换发生前对于外界干扰的恢复速率接近 0，而且突变点之前的自相关系数显著升高。

早在 1984 年，Wissel 就提出计算恢复速率的所有连续微分方程，接近稳态转换阈值点时，系统受到外界因子的干扰后，其恢复速率都将显著下降，然而当时没有任何实例被提出来佐证这一观点。2007 年，有研究人员分别对逻辑斯蒂增长人口模型、湖泊中的营养物循环过程、湖泊中浮游植物数量与光照之间的关系这三类简单模型进行研究，通过对长时间监测的数据进行统计分析，并对比稳态曲线发现：在远离阈值点时，系统的弹性与恢复速率随着外界扰动的不断变化呈线性增加趋势，然而在接近阈值点时，系统弹性与恢复速率几乎呈线性下降趋势。稳态曲线转折点前，恢复速率几乎降至零水平，很好地佐证了 Wissel 提出的"恢复速率陡降"理论（van Nes and Scheffer，2007；Wissel，1984）。

虽然使用干扰后恢复速率下降作为稳态转换预警因子，可以预警稳态转换的发生，但是其预警效果却不如使用方差增加预测可靠，能够预先多长时间预警稳态转换的发生还是未知。有研究指出，恢复速率的降低仅仅出现在很接近阈值点时，预警效果不是很理想（van Nes and Scheffer，2007；Nakajima and de Angelis，1989）。此外，测定自然界所有系统在受到外界条件扰动后的自身恢复率并不现实，有时候可操作性也不强，所以通过观测阈值点之前恢复速率的陡降来预警稳态转换的发生对于一些系统来说并不适用。

2.3.3　模型模拟

由于生态系统稳态转换的突发性和非明显预兆性，传统的实验观测手段在稳态转换预警中的作用十分有限，因此近年来有很多研究人员转向机理模型的研究（Carpenter et al.，2011；Genkai-Kato，2007；Carpenter and Brock，2006）。机理模型的优点在于可以更好地起到预测和预警的功能，从较为全面的尺度上理解生态系统稳态变化的特征和主要机理过程。在湖泊和其他水体生态系统的稳态转换中，多采用生态模型的方法，如对湖泊沉水植被的模拟（Xiong et al.，2003）、对湖泊营养物质和生态过程的模拟（Genkai-Kato，2007；Genkai-Kato and Carpenter，2005；Collie et al.，2004）、对重要生态参数的拟合分析（Liu et al.，2008；Håkanson et al.，2007；van Nes et al.，2002）等。但传统生态模型同样存在着缺点，例如，目前的多数生态模型是线性或者简单非线性模型，没有反映生态系统稳态变化的非线性特征；需要长期的数据积累来提供模型验证；无法反映湖泊生态系统稳态转换过程中涉及的系统结构变化等。

　　稳态转换领域中，为确定诱导稳态转换发生的外界因子，可改变模型输入或参数取值，通过生态模型拟合观测数据，可发现重要生态过程和参数的变化，从而为判定稳态转换和预测预警奠定基础。用于研究稳态转换现象的模型方法实际上较为多样，包括统计学模型、系统动力学模型、稳态模型（equilibrium model）、个体模型（individual based model）等（Graeme and Garry，2017；Filatova et al.，2016；Andersen et al.，2009）。实际研究中，对于稳态转换现象最关键的研究问题在于不同稳态的特征及发生稳态转换的具体机制（Nyström et al.，2012）。作为生态模型的分支，稳态模型能够对这两方面有很好的描述。由于此时研究的关注点在于稳态转换现象本身及这一特定的内部机制，所以稳态转换往往将描述这一机制的方程抽离出来分析，而对其他相关的系统状态变量和方程进行忽略或简化。本书的稳态转换模型即特指这一类简化后用于描述稳态转换现象、刻画特定的主导机制的模型。

　　近年来，出现了部分将稳态模型拟合与统计学方法相结合分析和模拟稳态转换的新思路，如对变量模拟结果进行偏度（skewness）和方差（variance）分析（Carpenter et al.，2015；Contamin and Ellison，2009；Carpenter and Brock，2006）。研究表明，在稳态转换时，偏度和方差会显著变化（Liu and Scavia，2010；Contamin and Ellison，2009；Carpenter and Brock，2006）。Carpenter 和 Brock（2006）通过构建湖泊富营养化模型来模拟 P 在陆地土壤-湖泊水体-沉积物界面的迁移转换过程，模型采用蒙特卡罗（Monte-Carlo）模拟进行参数估值，通过改变外界输入（即 P 的外源输入）模拟水体中 P 浓度的变化曲线，得出当外界输入参数超过一定的阈值范围后，湖泊水体中 P 浓度的方差出现显著上升，湖泊水体中

P 浓度的分布曲线呈多稳态。此外，还有将稳态模型拟合和邻域统计（neighborhood statistics）相结合的研究（Pawlowski and Cabezas，2008）。在不确定性处理方面，有研究将蒙特卡罗模拟和个体模型耦合，其中，蒙特卡罗模拟用于对个体模型的不确定性分析，模型结果显示，在稳态转换时，模型的不确定性会显著升高，从而可据此对稳态转换加以判定（Guttal and Jayaprakash，2008；Pawlowski and Cabezas，2008）。

综上，在稳态转换理论提出后，多稳态及稳态转换现象在众多生态系统中都被观察到，进一步证实了该理论（Schröder et al.，2005；Scheffer and Carpenter，2003）。其中，湖泊生态系统被作为典型案例广泛研究（Scheffer et al.，2001；Scheffer et al.，1993）。正是由于稳态转换的生态模型起源，该领域基本的研究方法之一为简单模型（minimal model）。描述稳态转换现象的几个关键因素包括：系统不同稳态的特征、系统内部反馈机制的变化（不同稳态下的主要负反馈机制及发生稳态转换过程中的正反馈机制），以及产生这一变化的驱动因素（Nyström et al.，2012；Biggs et al.，2011）。对不同的湖泊而言，稳态转换前后的反馈机制可能存在差异。以往研究通过对不同湖泊的分析，得到几种比较典型的基本的湖泊稳态转换机制，其理论及相应的简单模型如下。

1）沉水植被与藻类竞争

在营养盐水平较低时，浮游植物生物量低，水体透明度高，湖泊底部仍然有充足的光线，能够维持沉水植被生长。而沉水植被的存在能够抑制沉积物的释放和颗粒物的再悬浮，因而有效地抑制了水体浊度的增加（Hautier et al.，2009；Ibelings et al.，2007；Janse，2005；Duarte，1995）。透明度和沉水植被之间的关系可以用式（2.1）和式（2.2）表示（Scheffer，2004）：

$$E = E_0 \frac{h_v}{h_v + h_E^p} \tag{2.1}$$

$$V = \frac{h_E^p}{E^p + h_E^p} \tag{2.2}$$

式中，E 和 V 分别为水体浊度和沉水植被盖度（占湖底面积的百分比）；E_0 为没有沉水植被时水体的浊度，取决于营养盐水平（藻类生物量）和悬浮颗粒物浓度；h_v 为浊度减少一半所需要的沉水植被盖度，主要取决于湖泊深度和沉水植被的类型；p 表征浊度对沉水植被的响应程度；h_E 为沉水植被盖度为 50% 时所对应的水体浊度，一般湖泊平均深度越深，h_E 值越小。

2）蓝藻和其他藻类之间的竞争

在湖泊营养水平较低的时候，一般蓝藻细胞直径较大，对 P 的利用效率较低；而硅藻、绿藻等其他藻类对 P 的利用效率较高，因此蓝藻生物量和优势度相对较低，甚至在一些贫营养湖泊中不存在蓝藻。但随着水体中营养盐浓度的上升，营养盐对浮游植物的限制逐渐减弱，浮游植物生物量增加导致水体透明度下降，光限制的作用逐渐增强。蓝藻能够垂直迁移，在水体表面形成浮渣，进一步限制了底层藻类的生长，因此蓝藻逐渐成为优势种（Schindler，2006；Ferber et al.，2004；Scheffer et al.，1997）。这一营养盐-光限制的变化及蓝藻成为优势种的过程可以用式（2.3）和式（2.4）来表示（Scheffer et al.，1997）：

$$\frac{\mathrm{d}G}{\mathrm{d}t} = r_g G \frac{h_{S_g}}{h_{S_g} + ED} \frac{P_f}{h_{P_g} + P_f} - (l_g + f)G \tag{2.3}$$

$$\frac{\mathrm{d}B}{\mathrm{d}t} = r_b B \frac{h_{S_b}}{h_{S_b} + ED} \frac{P_f}{h_{P_b} + P_f} - (l_b + f)B \tag{2.4}$$

式中，G 和 B 分别为绿藻和蓝藻生物量，下标 g 和 b 为绿藻和蓝藻分别对应的参数；r 为最大净生长速率；$h_S/(h_S + ED)$ 为光限制，其中 h_S 为藻类生长速率减小 50% 所需要的遮蔽程度；D 为水体平均深度；E 为浊度，且浊度取决于藻类生物量；$P_f / (h_P + P_f)$ 为 P 限制，P_f 为藻类细胞外水体中的 P 浓度；h_P 为藻类生长的半饱和常数；l 为沉降速率；f 为流出速率；$l + f$ 为沉降和流出带来的藻类生物量损失。模型中 P 限制和光限制采用了相乘的形式，说明不同因素的限制作用同时存在，但是在营养盐浓度较低时主要是 P 限制（光限制函数接近 1）起作用；而营养盐浓度和藻类生物量较高时，主要是光限制起作用。浊度与藻类生物量之间的关系如式（2.5）所示：

$$E = e_g G + e_b B \tag{2.5}$$

式中，e 为单位藻类生物量产生的浊度。

由于蓝藻具有生长速率较慢（对营养盐利用效率较低）、沉降速率较慢（能够垂直迁移）、对水体浊度相对不敏感（能够垂直迁移利用表面的光照）、单位生物量产生的浊度较高的特征，因此模型参数的设置遵循式（2.6）所示的规律：

$$r_b\langle r_g; l_b\langle l_g; h_{s_b}\rangle h_{s_g}; e_b\rangle e_g \qquad (2.6)$$

对式（2.3）和式（2.4）求解可以发现，当 P 浓度较低、水体流出速率较高时，蓝藻为优势种；而 P 浓度较高，水体流出速率较低时，绿藻为优势种。且在一定范围的 P 浓度和流出速率 f 下，系统存在多稳态。

3）鱼类和浮游动物的下行效应

浮游动物和鱼类对藻类的捕食作用也可能导致湖泊的稳态转换。植食性的浮游动物对浮游植物的捕食可以降低浮游植物生物量，促进水体向清水稳态转换。而鱼类的下行作用相对多样，其相应的效果相对复杂。例如，植食性鱼类可能造成沉水植被的减少；底栖鱼类可能通过物理扰动导致沉积物释放增加，水体浊度上升；肉食性鱼类捕食植食性鱼类和滤食性鱼类，进而影响浮游动物及大型植被生物量，这一级联效应（cascading effect）最终在湖泊尺度上产生的影响往往难以预测（Li et al., 2015；Elmqvist et al., 2003；Wetzel, 2001）。假设湖泊中只存在滤食性鱼类对浮游动物进行捕食，且浮游动物只存在于特定区域内，则浮游动物和浮游植物的变化可以表示为式（2.7）和式（2.8）（Scheffer，2004）：

$$\frac{\mathrm{d}A}{\mathrm{d}t} = rA\left(1 - \frac{A}{K}\right) - g_Z Z\frac{A}{A + h_a} + i(K - A) \qquad (2.7)$$

$$\frac{\mathrm{d}Z}{\mathrm{d}t} = e_Z g_Z Z\frac{A}{A + h_a} - m_Z Z - G_f\frac{Z^2}{Z^2 + h_Z^2} \qquad (2.8)$$

式中，A 和 Z 分别为浮游植物和浮游动物的密度；g_z 为浮游动物的捕食效率；h_a 为浮游动物捕食的半饱和常数；$i(K-A)$ 为浮游植物从没有浮游动物的区域（密度为 K）向研究区域（有浮游动物，密度为 A）的浓度梯度扩散，i 为扩散系数；e_z 为浮游动物的同化效率；m_z 为浮游动物的死亡率；G_f 为鱼类对浮游动物的最大捕食率，取值和鱼类生物量有关，鱼类对浮游动物的捕食符合Ⅲ型响应函数。

对模型方程求解可以发现，当鱼类生物量较高时，湖泊只存在浮游动物生物量较低、浮游植物生物量较高这一种稳态；而当鱼类生物量较低时，湖泊只存在浮游动物生物量较高、浮游植物生物量较低这一种稳态；当鱼类生物量适中时，系统存在多稳态。

4）沉积物 P 释放

沉积物中的 P 是湖泊水体 P 的重要来源，尤其是对富营养湖泊而言，沉积物释放带来的内源负荷可能超过外源负荷，这也是富营养湖泊难以治理的主要原因之一（Wu et al.，2017；Carpenter et al.，1999）。对分层湖泊而言，沉积物 P 释放的决定性因素往往是底层溶解氧含量：当沉积物-水界面处于有氧状态时，Fe^{3+} 和磷酸盐结合，形成难溶化合物，抑制沉积物 P 释放；当沉积物-水界面处于厌氧状态时，Fe^{3+} 还原形成的 Fe^{2+} 与 S^{2-} 结合形成更难溶的 FeS 化合物，因此沉积物中的 P 以磷酸盐的形式被大量释放（Solim and Wanganeo，2009；Vaquer-Sunyer and Duarte，2008；Wetzel，2001）。湖泊底层缺氧状况取决于水体藻类生物量，因为藻类死亡沉降后，有机物分解消耗氧气，造成底层缺氧。而藻类生物量往往取决于水体中 P 浓度。当水体 P 浓度较低时，沉积物-水界面长期处于有氧状态；当水体 P 浓度较高时，沉积物-水界面长期处于厌氧状态。底层缺氧概率（缺氧时间比例）和水体 P 浓度之间的关系可以用"S"形曲线来表示。假设沉积物 P 释放在有氧状态下为 0，则水体 P 浓度变化可以用式（2.9）（Carpenter et al.，1999）来表示：

$$\frac{\mathrm{d}P}{\mathrm{d}t} = l_\mathrm{P} - sP + r\frac{P^q}{P^q + m^q} \qquad (2.9)$$

式中，P 为水体 TP 浓度；l_P 为 P 的外源负荷；s 为流出和沉降；m 为底层缺氧概率为 50% 时对应的水体 P 浓度；q 为底层缺氧对水体 P 浓度的响应程度。式（2.9）表明，在外源负荷 l_P 较低时，水体只有 P 浓度较低的单一稳态；而在 l_P 较高时，只存在 P 浓度较高的单一稳态；l_P 处于一定范围内时，系统存在多稳态。

　　5）流域尺度下的湖泊稳态转换的影响

　　上述模型主要适用于点源污染为主的湖泊，然而对于一些点源污染相对较少的湖泊，在流域尺度下，面源污染的贡献相对较大，所以难以在短时间内实现明显的负荷削减。此时湖泊外源负荷和湖泊本身的状态在很大程度上取决于土壤中营养物质的含量及其带来的面源污染强度（Oliver et al.，2017；Carpenter，2005）。为了描述这一影响，可以对式（2.9）中的 l_P 进行进一步的模型刻画，得到式（2.10）～式（2.13）（Carpenter，2005）：

$$\frac{\mathrm{d}U}{\mathrm{d}t} = W + F - H - cU \qquad (2.10)$$

$$\frac{\mathrm{d}P}{\mathrm{d}t} = cU - (s' + h)P + r'Mf(P) \qquad (2.11)$$

$$\frac{\mathrm{d}M}{\mathrm{d}t} = s'P - bM - r'Mf(P)$$
$$（2.12）$$

$$f(P) = \frac{P^q}{P^q + m^q}$$
$$（2.13）$$

式中，U、M 分别为流域内土壤中 P 的含量和表层沉积物中 P 的含量；W 为非农业来源的流域 P 负荷；F 为农业来源的流域 P 负荷；H 为农业活动带来的流域 P 损失；c 为流域内土壤 P 向湖泊的输入系数；s' 和 h 分别为沉降和流出；r' 为沉积物 P 释放的系数；b 为表层沉积物向下埋藏的系数。

式（2.9）实际上对外源负荷 l_P 进行了简化，对不同来源的外源负荷未加区分，此时总的外源负荷为湖泊稳态转换的驱动力。而式（2.10）～式（2.13）考虑了外源负荷的来源及沉积物表层 P 浓度的动态变化，此时湖泊稳态转换的驱动力来源于农业带来的流域 P 输入。

2.4　小　　结

由于机理模型具有功能强大的物理过程方程，其往往比统计模型具有更好的外推预测效果，同时，机理模型需要大量输入数据（如流域水文气象、土地利用和土壤数据等）及建模者对研究区域的熟知程度不同，其模型参数估计存在很大的不确定性。将机理模型和统计方法进行集成耦合，一方面可以大大提升模型应用的性能，使预测结果更为准确可信，另一方面也克服了单一模型方法固有的缺憾。上述研究进展内容中，很多研究仅是将复杂统计模型与简单机理过程进行集成应用，一些学者认为这样更容易使得参数估计和容差分析保持在可控范围内。因此如何选择适当复杂度的机理模型、耦合统计方法来进行湖泊生态系统稳定性的定量判别成为一个研究难点。

第3章 湖泊生态系统稳定性及驱动因子的定量判别

3.1 引 言

不同生态稳定性的湖泊，内部 N、P 输入响应关系及驱动机制各异：①对生态稳定性强、富营养化程度轻的湖泊而言，外源 N、P 输入，湖泊水体出流等过程应当成为重点关注过程；②对生态系统稳定性弱、富营养化程度重的湖泊而言，即便削减外源负荷，湖泊水体内部 N、P 贡献也不可忽视。因此，湖泊生态系统稳定性演变及其驱动因子研究的基础应当是优先进行其稳定性现状判别。尽管生态系统稳定性演变及稳态转换的研究在过去的 30 年间取得了重要进展，但由于生态系统的复杂性及稳态转换在时间和空间尺度的多维性，对湖泊生态系统稳定性演变及稳态转换的研究仍存在众多难点（Carpenter and Brock，2006）。

目前，生态系统稳定性的定量判别及驱动因子的研究方法主要集中在实验观测、统计分析和简单的机理数值模型模拟。其中，统计方法因其侧重于对真实湖泊系统历史数据的分析和判断，更能直观地判别湖泊生态系统的稳定性，发现其稳态转换的信号。驱动湖泊生态系统稳定性变化、造成其发生生态系统灾变的因子主要是营养盐（N、P）、水温、水力条件、气象因子及水体自身特征等（杨霞等，2012；邱立云，2009；刘利霞，2008；万能等，2008）。模型是系统响应关系的表征，无论是基于过程的机理模型还是数据驱动的统计模型，其结构都取决于变量之间的因果关系（Wealands et al.，2009）。基于湖泊生态系统自身状态的机理模型固然可以很好地揭示、再现并且预测湖泊生态系统的动态变化，但是对湖泊水体中精细化过程了解的欠缺、边界条件的模糊使得通过机理模型研究变量之间的因果关系显得不那么"高效"。机理层面上的因果关系，为"木桶"中的所有"木板"，而统计上的因果关系更加关注对盛水量有显著影响的"短板"。统计上的因果关系并不说明"长板"不重要，而仅说明这些变量不显著。因此，本书拟采用统计方法对案例湖泊长时间序列的水质监测数据进行分析，通过其水质数据间的因果关系检验，识别湖泊稳定性演变的驱动因子，进而为下一步的驱动过程模拟奠定基础。

3.2　湖泊生态系统稳定性判定方法构建

根据 2.4 小结的阐释，采用统计方法对湖泊生态系统稳定性演变进行有效判别。为此本书提出了湖泊生态系统稳定性判定方法体系（图 3.1）：①以统计方法为基础，核算一系列统计变量来对湖泊 N、P 及 Chla 长时间序列的数据进行分析，通过数据趋势分析及统计分布特征找到湖泊发生稳定性变化的信号，从而定量判别湖泊目前所处的稳定性；②通过对湖泊沉积物柱状样的硅藻种属测定，弥补湖泊水生态数据的缺乏，推断其历史上可能发生的环境演替，辅助判定湖泊稳定性现状；③对湖泊水质、水生态数据进行因果关系检验，判定其可能的稳定性驱动因子，同时简化建模指标，确定富营养化模型构建时需要重点考虑的过程。

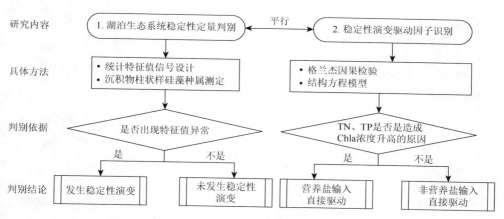

图 3.1　湖泊生态系统稳定性及驱动因子定量判别方法

3.2.1　湖泊生态系统稳定性判别的统计信号设计

基于统计指标的稳态转换突变点信号都基于长时间序列观测数据的变化而定，见式（3.1）：

$$\mathrm{d}x = f(x, \theta)\mathrm{d}t + g(x, \theta)\mathrm{d}W \qquad (3.1)$$

式中，x 为系统状态变量；θ 为参数，也是驱动因子；$f(x, \theta)$ 衡量系统变化；$g(x, \theta)\mathrm{d}W$ 衡量随机过程系统状态变化的贡献；$\mathrm{d}W$ 为白噪声过程。

在本书中，以湖泊水质指标 TN、TP 及 Chla 作为状态变量，分别对湖泊长时间序列数据进行分析，设计包括自相关系数、方差、偏度、受干扰后的恢复速率 4 个统计特征值，通过对湖泊长时间序列数据的统计特征值分析，判别其是否越过了明显的突变点，进而确定湖泊目前所处的生态系统稳定性及生态恢复力。

1）自相关性计算

系统在突变点前后，受干扰后回归稳态的速率会有明显改变，这种现象被称为干扰后恢复速率骤减（critical slowing down，CSD），这一现象可被长时间序列的数据相关性结构反映出来。自相关系数的增加是衡量 CSD 的最简便方法，一阶自相关性（autocorrelation at lag-1）的增加意味着在持续的迭代观测水质数据中，系统状态变得更为相似。有 3 种方法来判别一阶自相关性。本书采用估算自相关函数的值来判别自相关性的变化，见式（3.2）：

$$\rho_1 = \frac{E[(z_t - \mu)(z_{t+1} - \mu)]}{\sigma_z^2} \tag{3.2}$$

式中，μ 和 σ 分别为长时间序列水质数据 z_t 的均值和方差。此外，为确保自相关性计算准确，本书采用最小二乘方法拟合一阶自回归方程（order 1 linear AR（1）-process），见式（3.3）：

$$z_{t+1} = \alpha_1 z_t + \varepsilon_t \tag{3.3}$$

其中，ε_t 为高斯白噪声过程；α_1 为自回归系数。

2）方差分析

突变点附近的干扰后恢复速率减慢，会使系统的状态变量以稳态值为基准发生显著漂移（drift）。与此同时，外界的扰动会促使系统越过突变点，跃迁到新的稳态，从而发生状态摇曳（flickering）。恢复速率降低及状态跃迁都会导致长时间序列的状态变量方差和标准差突增。

本书将标准差及方差系数作为湖泊突变点的预警指标，见式（3.4）和式（3.5）：

$$SD = \frac{1}{n-1} \sum_{t=1}^{n} (z_t - \mu)^2 \tag{3.4}$$

$$CV = \frac{SD}{\mu} \tag{3.5}$$

式中，CV 为变异系数；SD 为标准差；μ 为方差。

3）偏度与峰态计算

外界驱动促使系统逼近两种稳态的边界，边界附近的稳定性动态会减缓，随机性会增加，系统受干扰后恢复速率会降低，导致大量数据所呈现的非对称性趋势越来越明显（van Nes et al.，2002），从而计算出长时间序列数据的偏度会发生突变。同方差一样，无论是系统逼向稳态转换边界，或是系统发生状态摇曳，偏度都会变化。但是偏度的增加或减少取决于系统稳态转换前后的状态，当系统从所处状态跃迁到一个生态弹性更高的状态时，偏度会增加，反之减少。本书将偏度定义为除方差、自相关系数之外的衡量数据分布的第 3 个指标，见式（3.6）：

$$
\gamma = \frac{\dfrac{1}{n}\sum_{t=1}^{n}(z_t - \mu)^3}{\sqrt{\dfrac{1}{n}\sum_{t=1}^{n}(z_t - \mu)^2}}
\tag{3.6}
$$

当系统逼近、越过突变点时，状态的跃迁会导致数据分布出现更加极端的波动，从而导致数据峰态（kurtosis）发生显著变化。此时，数据分布呈现尖峰（leptokurtic）形态：波动数据导致长时间序列数据分布出现的严重拖尾。在本书中定义峰态作为数据分布、突变点预警的第 4 个指标，见式（3.7）：

$$
\kappa = \frac{\dfrac{1}{n}\sum_{t=1}^{n}(z_t - \mu)^4}{\sqrt{\dfrac{1}{n}\sum_{t=1}^{n}(z_t - \mu)^2}}
\tag{3.7}
$$

3.2.2　硅藻种属调查辅助验证

硅藻在古湖沼学中的作用是根据现代湖泊水体中现生硅藻植物群与其分布、生态和环境之间的相互关系，进行古湖泊的历史类比，并结合其他微体古生物、化学元素、稳定同位素、矿物、有机化合物及核素测年资料，重建不同时代湖泊环境的变化历史。由于以下原因，硅藻在古湖沼学研究中起着十分重要的作用：①在湖泊水体中，硅藻的丰度极高，同样在湖泊沉积物中硅藻的浓度也非常高，在适合的环境条件下甚至可以形成几乎全由硅藻壳体组成的硅藻土沉积；②硅藻对于水体的化学环境和物理环境十分敏感，水体的化学成分、盐度、pH、营养成分、光照、温度、浊度和深度等环境条件的微小变化，都可能改变硅藻的组合、分异度、优势种和浓度等，这也是根据硅藻恢复过去环境变化的基本条件；③与其他藻类或微体化石相比，硅藻的硅质壳体易于在沉积物中保存下来；④硅藻的分布范围很广，从淡水湖泊到高盐度盐湖，从贫营养湖泊到腐殖营养湖都可能发育。作为湖泊生态系统重要优势类群的硅藻，直接受生活水质特征影响。不同种类的硅藻对水质的适应能力各不相同。当水体属性改变时，生活在这些水体中的硅藻群体会产生相应的变化，或繁盛，或衰亡，或为新的硅藻群体所替代。影响湖泊中硅藻时空分布的因素很多，其中最重要的是硅藻生存的环境条件。20 世纪60 年代，对美国淡水和半咸水硅藻的调查显示，盐度、光照、温度、水流环境条件对硅藻生存有着重要的影响（Patrick and Reimer，1966），可以用硅藻对湖水 pH、盐度、营养状态、浊度等环境要素进行解释（Bradbury，1988）。

对于基础数据缺乏，尤其是水生态数据缺乏的湖泊，识别其生态系统稳定性的演变过程，需要长时间尺度的数据或资料。因此，本书采用沉积物硅藻种属鉴定重现洱海、异龙湖的湖泊历史演变过程。滇池由于历史上投入过硅藻泥，暂不做分析。

使用 Kajak 沉积物柱状采样器，在异龙湖和洱海的湖泊水体中、东、西各采集 3 根 65cm 的沉积物柱，并在野外进行 1cm 切割分样、冷藏处理。所有硅藻样品的处理均依据 Håkansson（1984）的方法进行，主要处理步骤如下：①去钙质，在装有硅藻样品的试管中加入浓度为 10%～15%的稀盐酸，待样品与盐酸初步反应后搅拌均匀并静置 12～24h，然后用蒸馏水水洗 3 次；②去有机质，加入浓度为 30%的双氧水，待样品与双氧水初步反应后置于恒温水浴锅中（70℃）加热 1～2h，其后将样品从水浴锅中取出，同样用蒸馏水水洗 3 次；③制片，用玻棒将样品均匀涂于载玻片上，滴上 Naphrax 胶（折射率 dn = 1.73），盖上盖玻片，然后在电热板上加热（150～200℃），待玻片冷却后保存于样品盒中。硅藻鉴定与计数均在 1000 倍 Leica 油镜下进行，每个样品统计硅藻壳面数大于 200 个。大部分硅藻鉴定到种，少数到属（黄成彦等，1998）。

3.2.3　湖泊稳定性演变的驱动因子识别方法

流域营养盐的过量输入往往会造成湖泊水体富营养化，驱动湖泊由清水稳态向着浊水稳态演变，湖沼学多用 Chla 浓度（湖泊水体初级生产力表征）来衡量富营养化水平，根据绪论的描述，湖泊生态系统稳定性演变即湖泊由贫营养状态向富营养化状态的转变（McQuatters-Gollop et al.，2009），本书也使用 Chla 浓度作为湖泊稳定性的关注对象。在 N、P 过量输入驱动的湖泊生态系统稳定性演变过程中，N、P 会引起藻类及其他水生物异常繁殖，浮游植物个体数剧增，水中的悬浮物量（浮游生物、细菌）增加，水体的透明度和溶解氧大大降低，水质恶化，因此在这类富营养湖泊中，Chla 浓度的升高是由 N、P 浓度的升高而引起的。然而，还存在着另外一类富营养湖泊，其湖泊水体的富营养化并不是由营养盐过量输入直接导致，而是人类活动（如过度放养鱼类、人为引入外来物种）或极端气候、水文条件导致湖泊水体水生植被被破坏，进而导致生境损坏，湖泊水体发生富营养化。在这类湖泊中，Chla 浓度的升高并不是由 N、P 浓度的升高引起的（Carstensen et al.，2011；Smith and Schindler，2009；Boesch et al.，2001；Valtonen et al.，1997）。鉴于此，可以通过判别湖泊水体中 Chla 与 TN、TP 浓度之间的因果关系来判别湖泊稳定性演变的驱动因子。具体来讲，①对于营养盐驱动的湖泊生态系统稳定性演变（如富营养化）过程，TN、TP 及氮磷比（TN：TP）会造成湖泊水体中 Chla 浓度的升高；②对于非营养盐直接驱动的湖泊生态系统稳定性演变过程（湖泊富营养化），则会出现 Chla 的升高并不是由湖泊水体中 TN、TP 浓度的升高引起的情况，反而 Chla 的升高是湖泊水体 TN、TP 浓度升高的原因（Pilotto et al.，2012）。导致湖泊生态系统稳定性减弱，富营养化程度加深的主要驱动因子到底是营养盐、物理因子、气象条件还是其他？N、P 的过量输入是否是导致湖泊发生生态灾变的关键因子？是否存在着其他异常条件，造成湖泊的生态灾变？本书通过探究湖泊的 N、P 及 Chla 之间的因果关系来确定湖泊稳定性演变的主要驱动因子。

模型是系统响应关系的表征，无论是基于过程的机理模型还是数据驱动的统计模型，其结构都取决于变量之间的因果关系（Wealands et al.，2009）。区别于相关关系和机理上的因果关系，本书中的因果关系是指统计学意义上的因果关系。

因果关系的识别方法可以分为以下 4 类。

（1）互相关函数（cross-correlation function，CCF）。尽管相关关系并非因果关系，然而没有同时发生的变量之间的关系更趋向于一种悬而未决的因果结构（Shipley，2000），CCF 可以作为因果关系存在与否的一种粗略判断，但不能判断非线性因果关系。

（2）格兰杰因果检验（Granger causality test，GCT）。GCT 以预测变量的预测

有效性作为检验因果关系存在与否的标准（Granger，1980），最先用于计量经济学。Paruolo 等（2015）采用线性 GCT 得到了收入和污染物排放之间的双向因果关系，通过环境库兹涅茨曲线（environmental Kuznets curve，EKC）模型进一步分析得到主导因素为收入；Detto 等（2012）采用非线性 GCT 对生态系统初级生产力与分解者之间的因果关系进行了分析。

（3）图模型，包括贝叶斯网络（Bayesian network，BN）和结构方程模型（structural equation model，SEM）。图模型给定假设的因果关系，通过计算联合概率密度函数来对假设进行验证。这种方法仅能对应于一个特定的时滞时间，默认的因果关系是即时的，不适用于影响效果连续多个时间步长的情况。Kim 和 Park（2013）采用 SEM 研究了新万金（Saemangeum）海湾海水质量的影响因素；Stow 和 Cha（2013）采用 BN 验证了 TP 和 Chla 之间的因果关系。

（4）收敛交叉映射（convergent cross mapping，CCM）。该方法由 Sugihara 等（2012）针对复杂生态系统的非线性、弱相关关系提出，采用非线性状态空间重构，探究变量之间的因果关系。Clark 等（2015）将此方法引入空间面板数据的分析，降低了对数据长度的需求。环境和生态统计学需要根据系统的自身特点确定合理的判别准则（Qian，2014），GCT 在环境和生态系统中的适用性也有待进一步商榷，需要探究更多适用于生态系统因果关系检验的思路和方法。本书通过 GCT 及 SEM 来分别分析滇池、洱海及异龙湖长时间序列 N、P 及 Chla 数据，求得统计上的因果关系，从而为湖泊稳定性演变的机理及建模分析提供支持。

1. TN、TP、Chla 浓度的 GCT 识别

自从 1969 年格兰杰将 GCT 的概念公式化，并应用于时间序列模型以来，GCT 广泛应用于经济、生理、计算神经科学等许多领域，用来研究各类变量之间的内在联系。GCT 的基本思想是：如果第 1 个时间序列当期的值由第 1 个时间序列过去的值和第 2 个时间序列过去的值来估计，比仅由第 1 个时间序列过去的值来估计能使预测误差方差减小，则第 2 个时间序列是第 1 个时间序列的因，否则不是。在 GCT 中时间是一个很重要的要素，发生在前面的是因，发生在后面的是果。对于二维的时间序列数据，可以直接用 GCT 分析数据之间的内在联系（Granger，1969）。对于多维的时间序列数据，由于变量之间的相互作用，不能直接用 GCT 来分析变量之间直接的相互作用。对湖泊生态系统而言，如果湖泊中 N、P 浓度的升高并不是 Chla 增加的原因，相反，水体中 Chla 浓度的增加是 N、P 浓度及氮

磷比变化的原因，那么可以初步判断 N、P 的输入并不是湖泊生态系统稳定性减弱、富营养化程度加深的唯一原因，气象、生态系统结构的破坏等都可能是湖泊生态系统灾变的驱动因子。

本书采用 GCT 对异龙湖 1998～2012 年 TN、TP 及 Chla 的月监测数据进行分析。具体而言，分别使用 GCT 来检验 Chla 与 TN、Chla 与 TP 及 Chla 与氮磷比的时序因果关系。双变量间的 GCT 分为以下 3 步。

1）单位根检验

单位根检验（unit root test）也即平稳性检验。进行 GCT 的前提条件是时间序列必须具有平稳性，否则可能会出现虚假回归问题。因此在 GCT 之前，首先使用增广迪基-富勒（augmented Dickey-Fuller，ADF）检验分别对 TN、TP 及 Chla 的长时间序列数据进行单位根检验，判别 3 个变量是否满足平稳序列（Zivot and Andrews，2002）。ADF 的具体方法是估计回归方程，见式（3.8）：

$$\Delta Y_t = Y_t - Y_{t-1} = \alpha + \beta_t + (\rho - 1)Y_{t-1} + \sum_{j=1}^{p} \lambda_j \Delta Y_{t-j} + \mu_t \qquad (3.8)$$

式中，Y_t 为原始时间序列；t 为时间趋势项；Y_{t-1} 为滞后 1 期的原始时间序列；ΔY_t 为一阶差分时间序列；ΔY_{t-j} 为滞后 j 期的一阶差分时间序列；α 为常数，β_t, ρ, λ_j 为回归系数；p 为滞后阶数；μ_t 为误差项。

在异龙湖的 TN、TP 及 Chla 时序数列中，3 个变量的原始数据均非平稳，然后对其进行差分，进行一阶差分后，仅有 TN 序列达到平稳，即 TN 序列符合一阶平稳 $I_{(1)}$。

2）协整检验

异龙湖 TP 及 Chla 是非平稳序列，在回归前要对其进行差分，然而差分必然会使两个序列间部分关系信息损失，因此，使用 Engle 和 Granger 于 1987 年提出的协整（cointegration）理论，对非平稳序列进行协整检验。采用普通最小二乘（ordinary least-squares，OLS）模型对 3 个状态变量进行协整检验，其目的是考虑对非平稳序列 Chla 和 TP、TN 及氮磷比进行回归是否会出现错误，即证明非平稳序列是否具有共协整关系。接下来，构建 p 阶自回归模型（autoregressive model(p)，AR(p)）消除回归过程中的残差项（Hiemstra and Jones，1994），见式（3.9）和式（3.10）：

$$Y_{(t)} = b_0 + b_1 X_{(1t)} + \cdots + b_k X_{(kt)} + U_{(t)}, \quad t = 1, 2, \cdots \qquad (3.9)$$

$$U_{(t)} = a_1 U_{(t-1)} + a_2 U_{(t-2)} + \cdots + a_p U_{(t-p)} + e_{(t)}, \quad t = 1, 2, \cdots \quad （3.10）$$

其中，式（3.9）为同阶单整序列 $Y_{(t)}$ 对 $X_{(t)}$ 做回归，$U_{(t)}$ 为模型残差估计值；式（3.10）为通过 AR(p) 模型对残差项进行 ADF 检验，$e_{(t)}$ 为 $U_{(t)}$ 的均值为 0 且方差恒定时的白噪声残差值。在异龙湖的研究中，取 p 值为 2。

　　3）GCT

　　单位根检验及协整检验之后，第 3 步便是对具有协整关系的双变量间进行标准的 GCT。在湖泊水体中，藻类吸收 N、P 后生物量增加这一过程需要一定的时间，因此 Chla 浓度对 TN、TP 浓度升高的响应是存在时滞性的。在 GCT 中，再将异龙湖 Chla 与 TN、Chla 与 TP 及 Chla 与氮磷比的序列纳入时滞的误差项。GCT 过程如下（Narayan and Smyth，2005；Granger，1988，1969）：

　　（1）假设 $y_t = (y_{1t} \ y_{2t})^{\mathrm{T}}$ 是两个随机时间序列，若 y_{1t} 对序列中 y_t 不同滞后项的条件分布都一致，即

$$f(y_{1t} \mid y_{1t-1}, y_{1t-2}, \cdots, y_{1t-p} \mid y_{2t-1}, y_{2t-2}, \cdots, y_{2t-p}) = f(y_{1t} \mid y_{1t-1}, y_{1t-2}, \cdots, y_{1t-p})$$

$$（3.11）$$

可表明，随机序列 y_{2t} 并不是 y_{1t} 的格兰杰因，若不存在式（3.11）的一致性关系，则表明 y_{2t} 是造成 y_{1t} 变化的格兰杰因。

　　（2）p 为滞后系数，$u_t = (u_{1t} \ u_{2t})^{\mathrm{T}}$ 为随机的误差干扰序列，建立关于 y_{1t}, y_{2t} 的滞后变量的回归模型：

$$y_{1t} = a_{11}^{(1)} y_{1t-1} + a_{12}^{(1)} y_{2t-1} + a_{11}^{(2)} y_{1t-2} + a_{12}^{(2)} y_{2t-2} + \cdots + a_{11}^{(p)} y_{1t-p} + a_{12}^{(p)} y_{2t-p} + u_{(1t)}$$

$$y_{2t} = a_{21}^{(1)} y_{1t-1} + a_{22}^{(1)} y_{2t-1} + a_{21}^{(2)} y_{1t-2} + a_{22}^{(2)} y_{2t-2} + \cdots + a_{21}^{(p)} y_{1t-p} + a_{22}^{(p)} y_{2t-p} + u_{(2t)}$$

$$t = 1, 2, \cdots, T \quad （3.12）$$

　　关于 y_{1t}, y_{2t} 之间的因果关系的判断等价于对统计原假设进行 F 检验。

$$H_0 : a_{12}^{(1)} = a_{12}^{(2)} = \cdots = a_{12}^{(p)} = 0$$
$$H_1 : a_{12}^{(1)}, a_{12}^{(2)} \cdots a_{12}^{(p)} \ 不都为 0 \quad （3.13）$$

　　使用 SSR_{y1} 和 $\mathrm{SSR}_{y1,y2}$ 分别表示回归模型式（3.12）和该模型在原假设 H_0 成立时的残差平方和，则检验统计量为

$$F = \frac{(\text{SSR}_{y1} - \text{SSR}_{y1,y2})/p}{\text{SSR}_{y1,y2}/(T-2p-1)} \sim F(p, T-2p-1) \tag{3.14}$$

在给定统计显著性水平的条件下：若 $F > F_{\infty}(p, T-2p-1)$，则拒绝原假设 H_0，如果式（3.11）满足 $u_t \sim \text{iidN}(0, \Sigma)$，那么当 $t = 1, 2, \cdots, T$，u_t 彼此独立而且服从期望为 0，$E_{(u_t)} = 0$，协方差为 Σ，$\text{Cov}_{(u_t)} = E_{(u_t u_t')} = \Sigma$ 的 $\sum \kappa$ 维正态分布。此时的统计特征值为

$$\chi^2 = \frac{T(\text{SSR}_{y1} - \text{SSR}_{y1,y2})/p}{\text{SSR}_{y1,y2}} \sim \chi^2_{(p)} \tag{3.15}$$

在给定的显著性水平下，如果 $\chi^2 > \chi^2_{\infty}(p)$，那么应当拒绝 H_0。

2. Chla 驱动因子的 SEM 因果关系验证

GCT 只能应用于两个平稳变量序列之间的因果关系检验，而且是更为侧重时间序列数据的模型，数据之间并没有机理上的相互干预、反馈。因此，在进行滇池、洱海的 Chla 浓度变化的驱动因子分析过程中，采用可以揭示复杂系统因果关系的 SEM。SEM 是一个强有力的统计方法，是研究中介作用和揭示复杂系统因果关系强有力的技术方法（Sugihara et al.，2012）。该方法整合了测量模型和结构模型（图 3.2），前者重点分析测量指标与中介变量的关系，后者重点在于构建中介变量之间的网络关系。SEM 为检验概念变量之间的中介关系提供了先进的分析方法，特别适用于以监测的多重变量反映关键潜在概念构成（表 3.1）（Baron and Kenny，1986）。

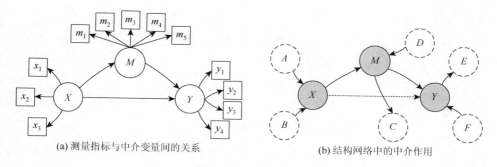

(a) 测量指标与中介变量间的关系　　　　(b) 结构网络中的中介作用

图 3.2　SEM 概念图

表 3.1　具体数据特性下的 SEM 与回归分析方法对比

中介变量（M）数量	自变量（X）数量	因变量（Y）的数量		
		一个因变量（$\bar{Y}$）	多个因变量 （$\bar{Y}_1$、$\bar{Y}_2$、$\bar{Y}_3$、）	一个汇总性的因变量 （$\bar{Y}_1$）
m_1	x	SEM、Reg[b,c]	SEM	SEM、Reg[b,c]
	x_1^a、x_2^a、x_3^a	SEM	SEM	SEM
	$\bar{x}$	SEM、Reg[b,c]	SEM	SEM、Reg[b,c]
m_2	x	SEM	SEM	SEM
	x_1^a、x_2^a、x_3^a	SEM	SEM	SEM
	$\bar{x}$	SEM	SEM	SEM
m_3	x	SEM、Reg[b,c]	SEM	SEM、Reg[b,c]
	x_1^a、x_2^a、x_3^a	SEM	SEM	SEM
	$\bar{x}$	SEM、Reg[b,c]	SEM	SEM、Reg[b,c]

　　注：结构方程适合于所有情景；若任一概念构建存在多个因变量（不能采用均值替代），回归分析无法奏效。Reg 为回归分析；a：表示仅以 3 个自变量为例，模型也适用于两个或更多测量变量的情况；b：反映了中介作用，即每个概念构成 X、M 和 Y 都只有一个自变量；表示模型中只有一个测量变量（如 M 或 $\bar{M}$）。

　　相较于回归分析，SEM 方法无论是在理论层面还是经验统计层面都是更具优越性的方法。该方法参数同步拟合的精髓是：所有的影响效应都是在排除了或在统计上控制了模型中的其他效应后估计得到的。但 SEM 的中介作用分析并非总是必需的，一些具有解释意义的过程，可从模型得到的结果中推导出来。若要分析中介作用，就需要严格的方法和坚实的理论基础，这是因为数据相关性和因果关系结论之间会存在一定的模糊性。

　　SEM 运算过程类似经典的线性回归方程式：

$$Y = aX + E \tag{3.16}$$

式中，Y 为因变量；X 为自变量；a 为回归系数；E 为误差项。

　　本书依据研究的问题，基于经典结构方程基本模型构建了如式（3.17）的方程表达式（Sugihara et al.，2012）：

$$\begin{aligned}
\mathrm{VF}_i &= \Lambda_x a_i + \delta \\
\mathrm{VF}_j &= \Lambda_y a_j + \varepsilon \\
\mathrm{Phyto} &= B \cdot \mathrm{VF}_i + \Gamma \cdot \mathrm{VF}_j + \xi
\end{aligned} \tag{3.17}$$

式中，VF_i，VF_j 为以主成分表征的第一层潜在变量；a_i，a_j 为对应主成分 VF_i，VF_j 中较强的相关载荷监测变量；δ，ε，ξ 为误差项；Phyto 为表征浮游植物的第二层潜在变量；Λ_x，Λ_y，B 和 Γ 为回归系数。

3.3　结果及讨论

3.3.1　三个湖泊稳定性统计变量判别结果

将案例湖泊的月监测 TN、TP 及 Chla 浓度（滇池为 1998～2009 年，洱海为 2006～2010 年，异龙湖为 1998～2012 年）作为原始数据，剔除异常值后作为输入，去除季节性波动项之后，分别求得三个湖泊的统计结果。

图 3.3 所示的滇池 TN、TP 及 Chla 的稳定性演变统计信号结果显示，滇池的

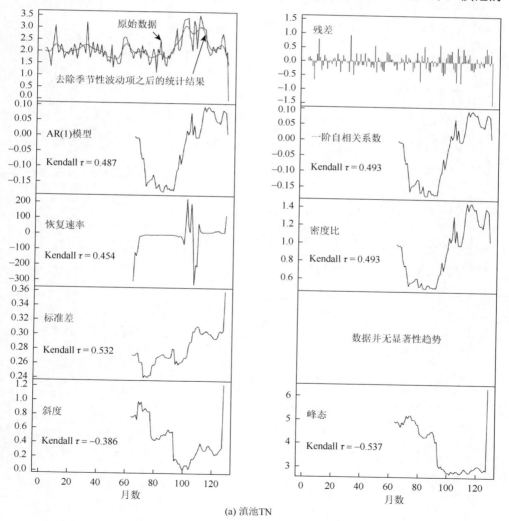

(a) 滇池TN

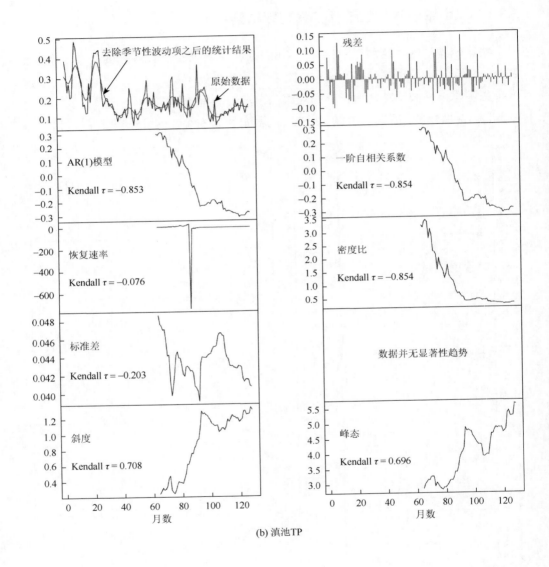

(b) 滇池TP

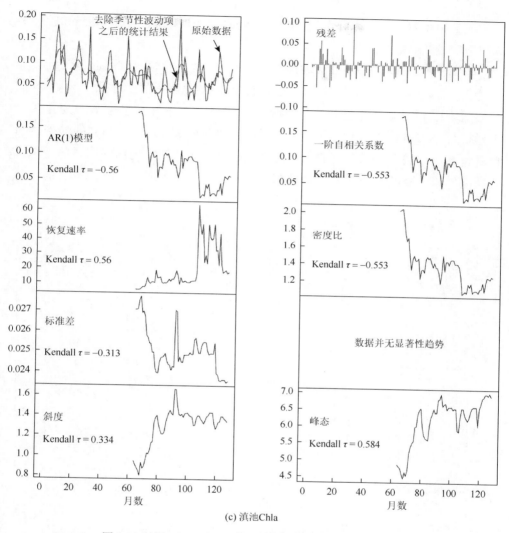

(c) 滇池Chla

图 3.3　滇池 TN、TP 及 Chla 的稳定性演变统计信号结果

TN、TP 及 Chla 的原始时序数据均在波动。去除波动项后发现：3 个序列数据的偏度和峰态值都没有发生有规律的变化，标准差出现显著的下降，与稳态转换发生时应有的"标准差上升"现象不符；Chla、TP 时序数据的自相关性显著下降，说明系统此时远离稳态转换的发生点；TN、TP 序列的受干扰后恢复速率基本维持不变，只有极端点出现单次或数次波动，Chla 序列的受干扰后恢复速率反而在波动中上升，违背了稳态转换发生时应有的特征，这说明滇池系统 1998～2009 年并没有发生显著的稳定性跃迁过程，反而是处于一个相对稳定的状态。根据滇

池水质数据和湖泊水体调查可知，滇池处于显著的浊水稳态，且 1999～2009 年并未出现明显的稳定性演变。

异龙湖的 TN、TP 及 Chla 时序数据的统计特征值结果如图 3.4 所示。在第 64 个月（2008 年 8 月），异龙湖出现了 TP 时序数据均标准差显著上升、TN 时序数据均标准差先下降后上升、偏度出现波动、数据峰态发生显著变化等一系列符合稳态转换统计信号特征的现象。虽然 TN 和 TP 两个序列的受干扰后恢复速率并未发生规律性的降低，但是 Chla 在 2008 年底出现了明显的受干扰后的恢复速率降低，表明系统弹性降低，生态恢复力降低，此外 Chla 的一阶

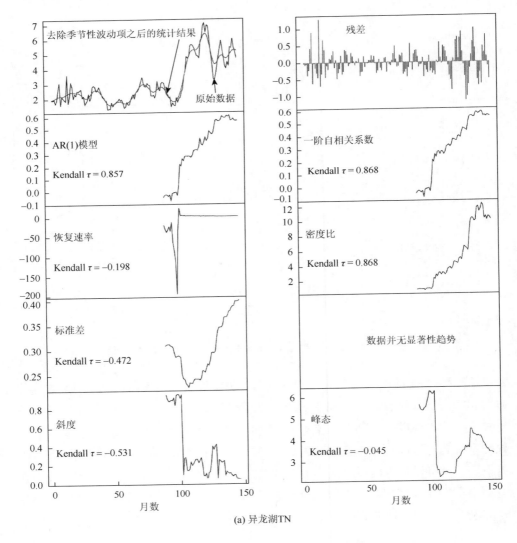

(a) 异龙湖TN

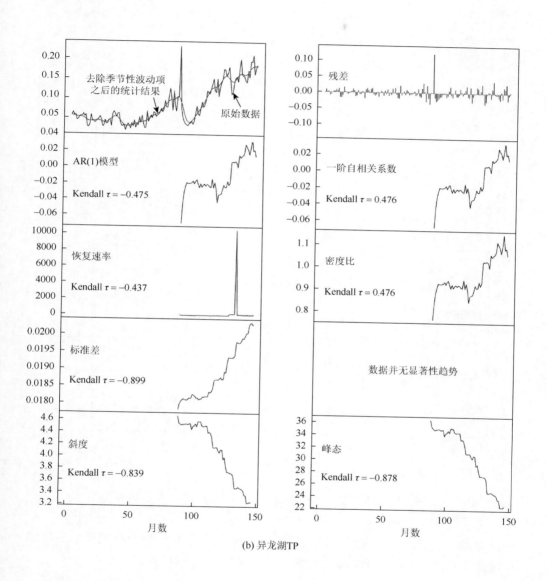

(b) 异龙湖TP

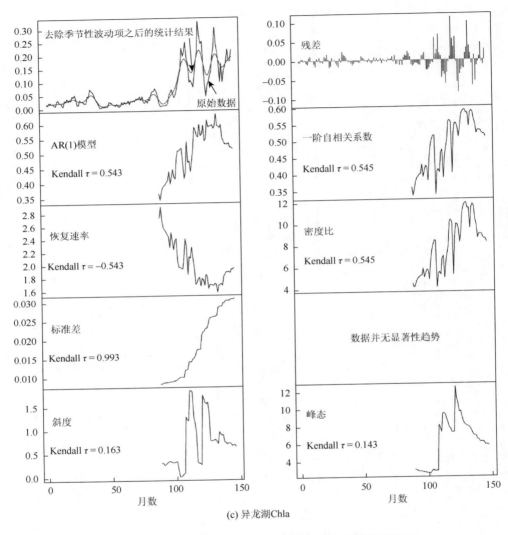

(c) 异龙湖Chla

图 3.4　异龙湖 TN、TP 及 Chla 的稳定性演变统计信号结果

自相关系数升高、峰度降低。TN、TP 及 Chla 时序数据的统计特征值的变化均可揭示出 2008 年底异龙湖确实出现了显著的稳态转换现象。

　　不同于滇池和异龙湖，洱海的情况最为特殊（图 3.5），Chla 序列的标准差、一阶自相关系数和偏度基本呈现高、低两个态势，最为明显的是受干扰后的恢复速率这一统计变量值，恢复速率先升高后降低，表明 Chla 的时序数据并没有发生显著的改变，但却存在于两个不同的状态；TP 序列在 2006 年前后，自相关系数增加、受干扰后恢复速率降低、偏度也出现突然变化，表明 TP 序列出现了统计意义上的显著变化；TN 序列的偏度先增大后减小，标准差持续减小，并没有规律的变化。洱海 3 个序列的统计特征值变化，直观地展示了洱海处在一个并不稳定的系统，生态系统受外界干扰后恢复到自身原有稳态的能力一直在波动，其自身生态系统稳定性、弹性都在波动，因此有理由相信洱海正在由清水稳态转换为浊水稳态，其处于清水-浊水多稳态。

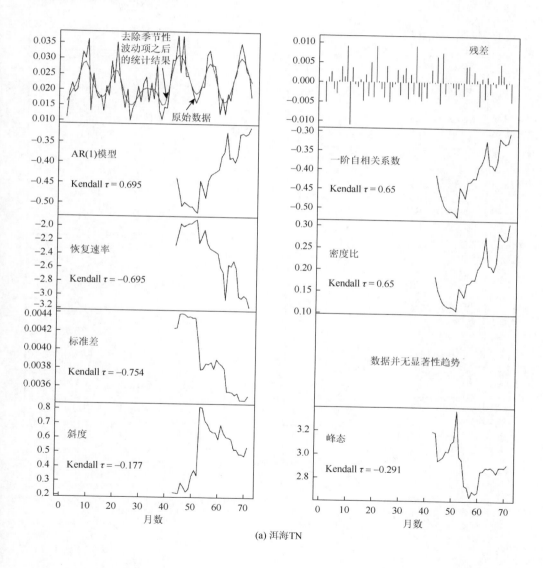

(a) 洱海TN

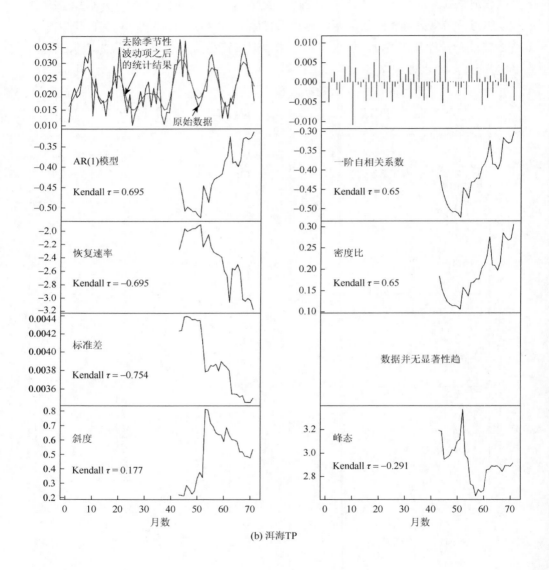

(b) 洱海TP

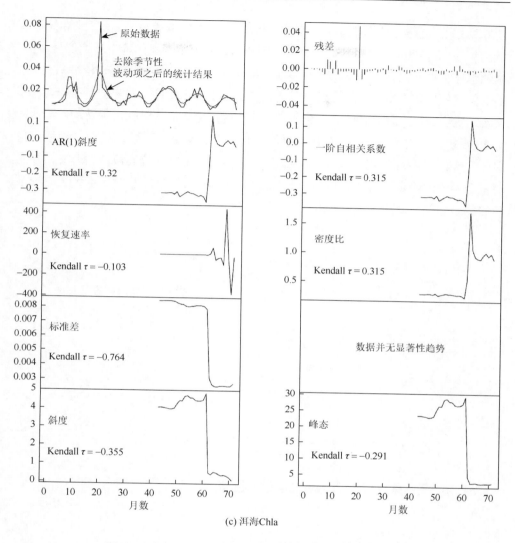

(c) 洱海Chla

图 3.5　洱海 TN、TP 及 Chla 的稳定性演变统计信号结果

　　通过水质时序数据的统计变量特征值来判别湖泊生态系统稳定性现状，可以独立于湖泊内部复杂的结构和生态过程，通过系统时间序列数据分布的特征和异常来表征湖泊生态系统结构和功能的变化，可以直观而又定量化地给出结论。滇池、洱海、异龙湖的稳定性统计变量判别结果差异很大，表征三个湖泊处于不同的状态。总体来说，滇池的三个序列并没有出现符合稳态转换发生信号的特征值变化，根据滇池的水质数据及水生态现状，可以得出滇池目前处在浊水稳态（富

营养稳态），且其最为稳定，最难恢复为清水稳态（贫营养稳态）。异龙湖统计变量结果显示，2008 年前后其数据分布出现异常，有着很明显的稳态转换信号特征，湖泊水体水生态调查也揭示，2008 年前后异龙湖发生了大规模的沉水植被消亡，湖泊水体发生生态灾变，因此推断异龙湖目前也处于浊水稳态，相较于滇池而言，其更接近灾变点。洱海的时序数据分布不稳定，统计特征值信号也出现波动，结合洱海 2000 年后水质数据在Ⅱ类和Ⅲ类之间波动，推断洱海处于不稳定的清水-浊水稳态（贫营养-富营养多稳态）。以多稳态理论为指导，定性地描述滇池、洱海、异龙湖三个湖泊的稳定性现状，图 3.6 反映出三个湖泊的稳定性差异（不代表湖泊准确的稳定性演变轨迹）。

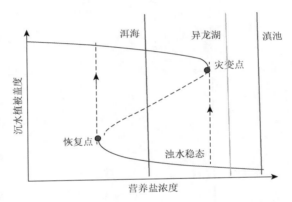

图 3.6　滇池、洱海、异龙湖生态稳定性示意图

3.3.2　洱海、异龙湖沉积物硅藻测定结果

1. 洱海硅藻种群调查结果

洱海柱状样长 56cm，按 1cm 间隔取样，计硅藻沉积物样品 56 个，共鉴定出硅藻 65 种，分属 23 属。其中星杆藻属、沟链藻属、颗粒直链藻属、小环藻属、脆杆藻属、冠盘藻属和环冠藻属为数量较多的主要种属，且冠盘藻属为数量最丰富的硅藻种属，最高可占硅藻数量的 50%以上（图 3.7）。

1）硅藻主要形态分区

对洱海柱状样硅藻组合进行聚类分析（Grimm，1987），划分出 3 个硅藻组合分区（图 3.8）。

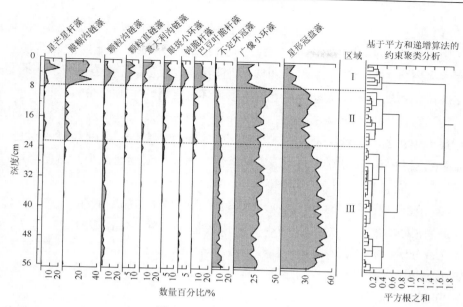

图 3.7　主要硅藻种属占比图

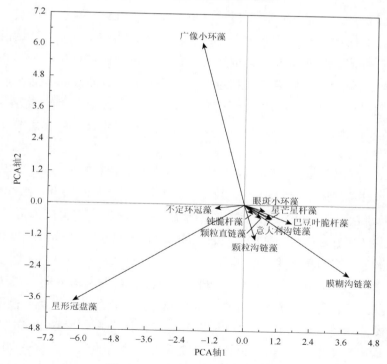

图 3.8　PCA 主要硅藻种属分布图

PCA（principal component analysis）表示主成分分析

（1）Ⅰ区（柱状样 0～7cm）：该区硅藻组合面貌与后两区差别较大，沟链藻属为数量最多的硅藻种属，其占比接近 30%，星杆藻属、颗粒直链藻和脆杆藻属均普遍出现，占比可达 10%～20%。而柱状样中数量最为丰富的小环藻属与冠盘藻属占比不高，分别在 20% 与 15% 以下，环冠藻属几乎不见踪影。

（2）Ⅱ区（柱状样 8～22cm）：小环藻属与冠盘藻属数量迅速上升，成为该区占比最为丰富的硅藻种属，其中，小环藻属达到 42% 的峰值，真枝藻属也上升至 30% 左右。星杆藻属、沟链藻属、颗粒直链藻与脆杆藻属迅速减少，占比降至 5% 以下。环冠藻属开始出现，并很快接近 10%。

（3）Ⅲ区（柱状样 23～56cm）：冠盘藻属数量持续增加，成为占比最高的优势种，最高占硅藻数量 50% 以上，小环藻属依然保持较高的占比，达到 25% 左右。环冠藻属百分比稳定在 10% 附近。颗粒直链藻占比依旧稀少，低于 5%，星杆藻属、沟链藻属与脆杆藻属几乎完全消失。

　2）硅藻种属分布

　使用 C2 软件（Juggins，2007）中的 PCA 功能对洱海柱状样沉积物硅藻样品进行计算，其结果显示，轴 1 反映整体数据的 74.6%，为主要影响沉积物硅藻分布的因子（图 3.8）。在 PCA 硅藻种属分布图（图 3.8）上，矢量箭头代表每一个硅藻种属的分布状况，矢量间夹角代表着不同硅藻种属的相异程度：夹角接近 0°，硅藻对生活环境要求相近；夹角接近 180°，硅藻对生活环境要求相反；若夹角接近 90°，硅藻对生活环境要求不同。轴代表影响硅藻分布的不同环境因子，代表硅藻种属各个矢量在轴上的投影即为受该轴所代表的环境因子影响程度的高低。

　图 3.8 中环冠藻属、小环藻属和真枝藻属分布在轴 1 的负方向，均为富营养化湖泊常见硅藻种属。其中，环冠藻属主要出现在富营养湖泊中，在长江中下游地区，作为湖泊富营养化的指示性属种（董旭辉等，2006）；小环藻属为常见山地种，可用于指示高含 P 量的水体环境（Interlandi et al.，1999）；而真枝藻属则为长江中下游地区另一湖泊富营养化的指示性属种（董旭辉等，2006）。在轴 1 的正方向，分布着以星杆藻属、沟链藻属、颗粒直链藻、意大利沟链藻、眼斑小环藻和钝脆杆藻为代表的中营养甚至贫营养化硅藻种属。例如，克罗脆杆藻即生活于中营养化湖泊环境（董旭辉等，2006），与星杆藻属同是贫营养湖泊中指示低 P 浓度的硅藻种属（Saros et al.，2005）；沟链藻属、颗粒直链藻、冰岛沟链藻和意大利沟链藻则对湖泊营养化程度有着很强的适应性，能生活于贫营养化至富营养化的各类水质中（董旭辉等，2006），后两者甚至多出现于贫营养、寡污水体中；

眼斑小环藻则是典型的湖泊贫营养化硅藻指示种（关友义等，2010；李家英等，2005）；而钝脆杆藻在长江中下游地区多出现于中营养至富营养化湖泊（董旭辉等，2006），甚至能生活于贫营养、寡污湖泊中。因此，洱海柱状样沉积物硅藻种属 PCA 分布图上，轴 1 代表着湖泊营养化程度的高低，正方向营养化程度低，负方向营养化程度高。

　　3）硅藻反映的环境变化

　　根据 PCA 结果，轴 1 为洱海柱状样沉积物硅藻组合变化的最主要影响因素（特征值 = 74.6%），且代表着湖泊营养化程度的高低（正方向贫营养化，负方向富营养化）。因而，将 PCA 所得的各样品在轴 1 得分值按深度变化作出曲线，即硅藻组合所反映的过去一段时间内（按深度变化）洱海水体营养化变化的半定量曲线（图 3.9）。与聚类分析结果相同，依然可以划分出 3 个不同的洱海营养化变化阶段。

　　（1）阶段Ⅲ（柱状样 0～7cm），作为最靠近现代的一个阶段，更多中营养化，如沟链藻属和颗粒直链藻，甚至贫营养化湖泊硅藻指示种属，如星杆藻属、冰岛沟链藻、意大利沟链藻、眼斑小环藻、钝脆杆藻和克罗脆杆藻出现于此阶段；而代表富营养化湖泊的小环藻属与真枝藻属占比较少，环冠藻属甚至消失；且多种硅藻数量丰富且相当，没有明显的占统治地位硅藻种属。这些都说明此阶段洱海水体营养化程度最低，水质相对最优。

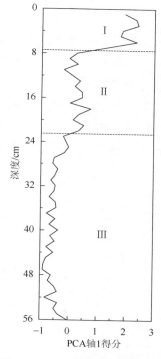

图 3.9　PCA 随深度变化各样品轴 1 得分值曲线图

　　（2）阶段Ⅱ（柱状样 8～22cm），此阶段富营养种小环藻属与真枝藻属数量迅速上升，成为占比最高的硅藻种属，环冠藻属也开始出现；同时，代表相对营养化程度较低的星杆藻属、沟链藻属、颗粒直链藻、钝脆杆藻、克罗脆杆藻等硅藻种属占比不高。说明此阶段水体富营养化程度较高，但比阶段Ⅲ要低。

　　（3）阶段Ⅰ（柱状样 23～56cm），此阶段 3 个富营养化硅藻指示种属占比最高，其中真枝藻属为占比最高的优势种，小环藻属依然保持较高的占比，环冠藻属占比也比较稳定，它们基本占总硅藻的 70% 以上，最高甚至可接近 85%。而指示贫营养乃至中营养程度的主要硅藻种属，如星杆藻属、沟链藻属、冰岛沟链藻、意大利沟链藻、眼斑小环藻、钝脆杆藻和克罗脆杆藻几乎消失，仅有对湖泊营养化程度适应性更佳的颗粒直链藻少量存在。对比前两个阶段，这是洱海富营养化程度最高的时期。

2. 异龙湖硅藻种群调查结果

异龙湖硅藻种群调查与洱海方法一致，不再赘述。对异龙湖而言，可以帮助推断历史上生态系统稳定性演变及水环境变迁的是异龙湖沉积物 pH 随柱状样深度的变化结果。利用 C2 1.4.2 版软件（Juggins，2007）PCA 方法（Pearson，1901）得到结果（图 3.10），获取每个硅藻沉积物样品在轴 1、轴 2 上的得分值，作出随深度变化异龙湖硅藻组合面貌所反映出的水体 pH ［图 3.10（a）］与营养化程度［图 3.10（b）］曲线，对异龙湖过去至现在水环境变迁进行推断。

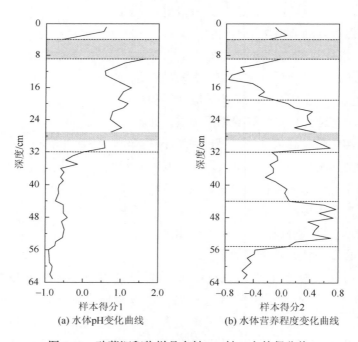

图 3.10　硅藻沉积物样品在轴 1、轴 2 上的得分值

异龙湖水体 pH 经历了以下 3 个阶段的变化。

第 1 阶段：33～63cm，此阶段水体 pH 较低，硅藻种属多样性较好，基本体现了人类活动影响不显著时期异龙湖水体的自然状态。值得注意的是，在图 3.10

所示的硅藻生态中，代表水体 pH 较高的硅藻种属均为显著的碱性种，但反映较低 pH 除少数酸性种外，多是中性硅藻种属。可以认为，异龙湖本底水体酸碱度更趋近于中性。

第 2 阶段：6～32cm，此阶段异龙湖水体保持着较高的 pH，这与人类活动密切相关，城市生活污水和工业废水的排放，加之农业生产大量施用化肥，尤其是含氮的肥料，使得湖泊水体呈碱性状态。从硅藻种属多样性来看，此时期主要硅藻种属为生活于碱性水体中的巴豆叶脆杆藻和巴豆叶脆杆藻变种，其数目占总量的 60%，水生生态环境破坏显著。

第 3 阶段：1～5cm，此阶段水体 pH 有所回落，硅藻种属多样性显著提高，这体现出近年来异龙湖水质治理力度加大，水质有所好转。但需注意到水体 pH 有逐渐升高的趋势，这是该段时间持续干旱，异龙湖入湖水量降低且蒸发旺盛所致。

异龙湖水体营养化的过程可分为 6 个阶段。第 1 阶段：56～63cm，此阶段水质较好，可以认为是排除人类影响后异龙湖水体本底营养程度的标准。第 2 阶段：46～55cm，此阶段水质明显富营养化，应该是 20 世纪 70 年代围湖造田、造塘所至。第 3 阶段：33～45cm，这一时期水体富营养化程度有所下降。第 4 阶段：20～32cm，异龙湖水质再度恶化，水体富营养化加剧，这与改革开放以来经济迅速发展，城市化进程加快，导致大量工农业废水、城市污水排入湖泊有关。第 5 阶段：6～19cm，进入 21 世纪初，政府加大异龙湖治理力度，使得水体富营养化程度明显降低。第 6 阶段：1～5cm，2009 年以来，云南大旱使得异龙湖水量剧减，发生显著的恶化现象，富营养化程度显著上升，即推断 2008 年后发生稳定性跃迁，即稳态转换。

3.3.3　三个湖泊稳定性演变驱动因子识别结果

1. 异龙湖稳定性演变驱动因子识别

Chla 与 TN、Chla 与 TP 及 Chla 与氮磷比的 GCT 结果（表 3.2）显示，Chla 与 TN、TP 序列都有着显著的格兰杰因果关系。"Chla 不是 TN 的格兰杰因"这一原假设 H_0 的概率仅为 0.0038，低于 0.05 的显著性水平，原假设 H_0 应当被拒绝。同理，"Chla 不是 TP 的格兰杰因"的原假设概率为 0.0424，也低于显著性水平。由 GCT 结果可知，Chla 是湖泊水体中 TN、TP 浓度变化的格兰杰因。反之，对于原假设"TN 不是 Chla 的格兰杰因",和原假设"TP 不是 Chla 的格兰杰因",统计概率分别为 0.3625 和 0.4160,高于显著性水平 0.05,应当接受原假设,即 TN、TP 并不是造成 Chla 改变的格兰杰因。为了进一步确认 Chla 与 TN、TP 的格兰杰因果关系,对 Chla 进行取对数变换,探究 ln(Chla)与氮磷比的因果关系。检验结果显示,原假设"ln(Chla)不是氮磷比的格兰杰因"的概率为 0.0496,揭示了 ln(Chla)同时也是氮磷比变化的格兰杰因。因此有理由相信,异龙湖中 Chla 浓度的变化并不是由湖泊水体中 TN、TP 浓度的升高引起的,反而是由于 Chla 浓度的变化引起了湖泊水体中 TN、TP 浓度的升高。异龙湖的 GCT 结果显示,2008 年异龙湖生态系统发生稳定性演变,水体初级生产力突增并不是由 TN、TP 浓度的升高造成的,相反,某外界因素干扰造成湖泊水体中 Chla 浓度升高,进而导致湖泊水体中 TN、TP 浓度的升高。

表 3.2　异龙湖格兰杰因果检验结果

原假设	观测变量	F 检验	概率
TN 不是 Chla 的格兰杰因	106	1.02485	0.3625
Chla 不是 TN 的格兰杰因	106	5.89394	0.0038
TP 不是 Chla 的格兰杰因	106	0.88479	0.4160
Chla 不是 TP 的格兰杰因	106	0.27205	0.0424
氮磷比是 ln(Chla)的格兰杰因	106	0.75709	0.4717
ln(Chla)不是氮磷比的格兰杰因	106	3.09517	0.0496

注:Chla 的时序滞后阶数为 2,即认为 Chla 对 TN、TP 的响应时间是 2 个月。

　　浅水湖泊稳定性演变的最主要驱动因子便是营养盐(主要是 N、P)过量的外源负荷输入,使得在外部强干扰下湖泊发生稳态转换(Ibelings et al.,2007;Gonzalez et al.,2005;Jeppesen et al.,1991),但 GCT 结果显示异龙湖生态系统稳定性演变的直接驱动因素并不是 N、P 负荷输入,因此推断湖泊是在外界强扰动的情况下发生了显著的稳定性演变(Balayla et al.,2010;Bayley et al.,2007)。

　　通过查阅及分析湖沼学相关文献研究成果可知,除过量 N、P 的外界输入外,可能造成浅水湖泊稳定性转变的外界强扰动因素有两个:①特殊的气象、水文条件,受此驱动的浅水湖泊多属于洪泛湖泊或寒带湖泊,洪泛湖泊会经常经历干涸,而寒带湖泊则会经历全湖性冰冻，干涸或冰冻会导致湖泊鱼类死亡进而重置湖泊的生态系统结构，造成湖泊生态系统稳定性的演变甚至是稳态转换；②浅水湖泊生态系统水生植物对沉积物及水质的负面影响。Scheffer 认为浅水湖泊生态系统周期性稳态转换可能是由水生植物对沉积物及水质的负面影响导致，但这种现象很可能是特例，需要特殊的条件（包括湖泊面积较小、水生植物覆盖率高、湖泊处于不稳定状态）才会发生（Scheffer and van Nes，2007）。

　　从异龙湖的气候水文条件分析可知，异龙湖为亚热带湖泊，最冷月平均气温 11.6℃，不存在冰冻期。异龙湖自 1976 年建成青鱼湾隧洞后，湖泊水位可人为调控，自 1981 年发生了干涸后，异龙湖未再次发生干涸现象。异龙湖生态系统稳态转换并非特殊的气象或水文所导致。因此，本书推断异龙湖的稳定性演变是在营养条件满足的情况下，由人为短期强干扰驱动的湖泊生态系统稳定性演变。根据 2008～2009 年的现场观测，2008 年 7 月～2009 年 6 月异龙湖流域通过河道汇入湖泊的 TN、TP 负荷分别为 364.8t、31.97t，2009 年 1～6 月，TN、TP 负荷分别占全年（2008 年 7 月～2009 年 6 月）负荷的 27.5%、35.6%。2009 年初异龙湖外源性营养盐负荷并未明显增加，可以排除外源性营养盐负荷增加突破阈值进而导致稳态转换的可能性。当地相关管理部门每年会在异龙湖投放鱼苗，鱼苗投放资料显示，2008 年草鱼鱼苗投放时间为 4 月 21 日～4 月 28 日，投放总量为 1.833t；2009 年草鱼鱼苗投放时间提前至 1 月 10 日，1 月 10 日～2 月 20 日草鱼鱼苗投放量为 30.353t。综上推导：异龙湖 2008～2009 年生态系统稳定性演变的主要原因可能是鱼苗投放过早、投放量较大，草鱼对异龙湖水生植物造成了毁灭性影响，进而导致湖泊水体内沉积物释放 N、P 等过程发生显著变化。

　　2. 滇池稳定性演变的驱动因子识别

　　首先采用 PCA/FA[①]方法对监测指标进行降维变换，识别潜在变量及其代表性指标，为采用 SEM 进行进一步因果关系分析做准备。由于 PCA/FA 主成分的累积方差数值反映的是表征该潜在变量特征的相关典型变量的共线性水平，而物理意义相近且高度相关的指标必然会增加累积方差数值从而影响主成分排序。因此有必要先检验监测指标之间的相关性，排除重复干扰。一般认为相关系数大于 0.8 即意味着两个变量具有共线性。

　　计算结果（表 3.3）表明：8 个主成分解释了样本 75.110%方差信息。其中第

---

① FA 表示因子分析（factor analysis）

1 主成分 TVF_1 的方差贡献为 15.908%，代表性指标为 TN、TP 和 Fe，该潜在变量为营养盐；第 2 主成分 TVF_2 的方差贡献为 13.321%，代表性指标为水温（WT）和平均气温（AT_{Mean}），该潜在变量为温度；第 3 主成分 TVF_3 的方差贡献为 10.993%，代表性指标为高锰酸钾指数（COD_{Mn}）、凯氏碳（TKN）和底泥总磷含量（$TP_{Sediment}$），该潜在变量为沉积物营养盐；第 4 主成分 TVF_4 的方差贡献为 8.981%，代表性指标为 NO_3^-，该潜在变量为硝酸盐；第 5 主成分 TVF_5 的方差贡献为 7.490%，代表性指标为溶解氧（DO）和五日生化需氧量（BOD_5），该潜在变量为生化污染；第 6 主成分 TVF_6 的方差贡献为 6.469%，代表性指标为 Cd 和 Zn，该潜在变量为重金属；第 7 主成分 TVF_7 的方差贡献为 6.273%，代表性指标为 NH_4^+-N，该潜在变量为生活污水；第 8 主成分 TVF_8 的方差贡献为 5.675%，代表性指标为平均风速（WV_{Mean}）和光照小时（SH），该潜在变量为气候条件。

表 3.3　三类数据 18 个变量的最大方差旋转载荷矩阵

类别	指标	TVF_1	TVF_2	TVF_3	TVF_4	TVF_5	TVF_6	TVF_7	TVF_8
水化学	Chla	0.736	0.063	−0.027	0.296	−0.030	−0.090	0.010	0.204
	WT	−0.121	0.887	0.060	0.182	0.168	0.048	−0.084	−0.167
	pH	0.010	0.001	0.118	0.827	0.048	−0.170	0.074	−0.025
	DO	−0.260	0.113	−0.006	0.141	0.830	−0.080	−0.063	0.056
	COD_{Mn}	0.143	0.239	0.654	0.337	−0.347	0.018	0.060	−0.014
	BOD_5	0.389	0.097	−0.093	0.040	0.706	0.139	0.058	−0.119
	NH_4^+-N	0.019	−0.090	−0.086	−0.035	−0.024	−0.058	0.895	−0.018
	NO_3^-	0.062	−0.110	0.247	−0.630	−0.102	−0.092	0.122	0.039
	TP	0.737	−0.239	0.040	−0.271	0.131	−0.126	0.032	−0.160
	TN	0.713	−0.020	0.094	−0.265	0.048	−0.032	0.443	−0.019
	Fe	0.688	0.045	−0.337	0.102	−0.317	0.022	−0.212	0.070
气候	WV_{Mean}	0.229	−0.174	0.262	0.018	−0.217	0.059	−0.077	0.768
	AT_{Mean}	0.032	0.945	0.054	−0.028	0.023	0.049	0.000	0.124
	SH	−0.225	0.241	−0.302	−0.131	0.280	−0.183	0.112	0.667
沉积物	Cd	−0.020	0.004	0.082	−0.044	−0.040	0.816	−0.175	−0.098
	Zn	−0.112	0.081	0.101	−0.038	0.058	0.875	0.083	0.055
	TKN	−0.157	−0.212	0.528	−0.305	−0.038	0.107	−0.441	−0.114
	$TP_{Sediment}$	−0.120	0.074	0.751	−0.148	0.069	0.158	−0.087	0.095
特征值		2.863	2.398	1.979	1.617	1.348	1.164	1.129	1.022
解释总方差/%		15.908	13.321	10.993	8.981	7.490	6.469	6.273	5.675
累积方差/%		15.908	29.229	40.222	49.203	56.693	63.162	69.435	75.110

以上述 8 个主成分作为 SEM 中的第一隐层变量，浮游植物（phytoplankton）为第二隐层变量，构建的结构方程模型运算结果如图 3.11 所示。一些关键性参数，如自由度 df 为 129，卡方值 χ^2 为 788，$p < 0.01$ 表明该结构方程具有较好拟合效果。参数估计方法为广义最小二乘到最大似然估计（GLS→ML）。需要强调的是，由于水质监测是每月 1 次，而浮游植物的生长周期只有几个星期，该模型模拟的关系不能直接反映"输入—输出"因果响应，更不能描述机理过程，它只是水体各种污染物存量统计关系的静态模拟，需要用已有的机理过程认识进行阐释。

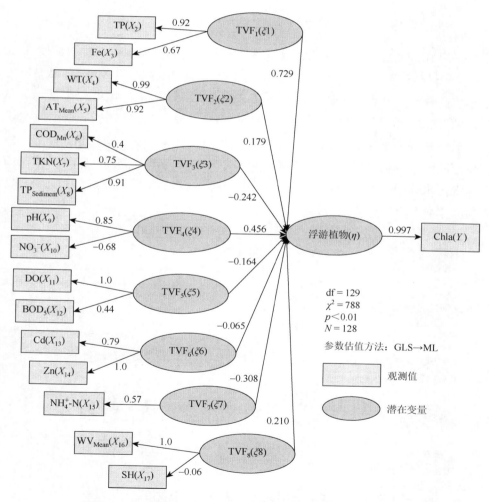

图 3.11　月尺度数据下潜在变量与 Chla 浓度的存量统计关系

由模型结果可知：TP 与 Chla 浓度具有最强的正相关关系，相关系数高达 0.92，而 NH_4^+-N 和 NO_3^- 却与 Chla 具有很强的负相关关系（图 3.11）。这看似矛盾的结果，恰恰反映了一个机理过程：营养物 NH_4^+-N 和 NO_3^- 浓度的下降是浮游植物生长过程的消耗所导致；大量的未能被生态系统消费的 P 随着降雨量的增加而不断地输入到湖泊水体引起 TP 在存量上保持与 Chla 的正相关关系。因此，对滇池而言，其湖泊水体 Chla 浓度的升高主要是营养盐，尤其是 TP 的输入累积造成，即滇池属于营养盐累积驱动的湖泊水体生态系统稳定性演变。

3. 洱海稳定性演变驱动因子识别

采用 SEM 对洱海月尺度水质数据开展分析，一些关键参数，如自由度 df 为 116、卡方值 χ^2 为 697、$p < 0.01$ 表明该结构方程具有较好拟合效果。参数估计方法为广义最小二乘到最大似然估计（GLS→ML），所得结果如图 3.12 所示。从洱海的 SEM 结果可以看出，与滇池结果类似，洱海湖泊水体中 TP 浓度与 Chla 浓度具有最强的正相关关系，相关系数为 0.66，虽显著低于滇池相关系数，但相较于其他指标仍最为相关。SEM 结果显示，洱海与滇池类似，Chla 浓度的改变与湖泊水体中 TP 浓度的变化最为相关，因此，本书将滇池、洱海划分为由营养盐（主要是 P）直接驱动的湖泊。

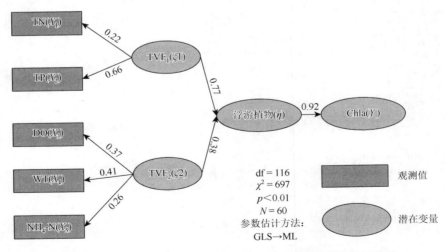

图 3.12　月尺度数据下洱海潜在变量与 Chla 浓度的存量统计关系

3.4　小　　结

（1）三个湖泊 N、P 及 Chla 时间序列数据的统计变量预判表示,异龙湖在 2008~2009 年确实发生了显著的稳定性演变,由清水稳态跃迁为浊水稳态,即稳态转换,湖泊水体内部过程发生了复杂的变化;滇池数据并没有从统计变量特征中发现显著的跃迁现象,即滇池已处于稳定的浊水稳态;洱海的统计变量则在波动,最为可能的状态是洱海并不处于某一稳态,而是在不稳定的状态。

（2）三个湖泊 Chla 浓度变化的驱动因子识别结果表明,滇池、洱海湖泊水体的稳定性演变为营养盐,主要是 P 的过量输入驱动的,而异龙湖湖泊水体的稳定性跃迁是食草鱼引入对湖泊水生植物造成了毁灭性影响,进而导致湖泊水体内沉积物释放 N、P 等过程发生显著变化而驱动的。

（3）不同驱动类型的湖泊稳定性演变,其驱动机制各异,湖泊水体中 N、P 循环等关键过程也各异,因此不能用单一或固定方法体系进行研究,湖泊生态恢复及水质改善措施也应当"因湖而异"。具体来说,对于营养盐过量输入造成的湖泊水体富营养化,控制 N、P 的外源负荷应当成为主控措施(Schindler et al.,2008;Elser et al.,1990;Hecky and Kilham,1988);对非营养盐过量输入直接驱动,或因其余外界干扰造成湖泊水体生态系统发生结构紊乱,进而导致其稳定性演变的湖泊而言,恢复湖泊水体原本的食物网结构,尽可能降低其余外界干扰水平则是有效措施。

第4章 营养盐驱动的湖泊生态系统稳定性演变及驱动过程模拟

4.1 引　　言

营养盐驱动的湖泊生态系统稳定性演变（稳态转换）是一个复杂的过程。三个湖泊生态系统稳定性及驱动因子的定量判别结果显示，滇池、洱海是典型的营养盐输入驱动的稳定性演变，其主要驱动因子是 P，值得强调的是，沉积物中 TP 的浓度也成为驱动其湖泊水体 Chla 浓度升高的重要正相关因子。针对营养盐（主要是 P）输入驱动的湖泊稳定性演变过程，需要构建 P 驱动的藻类生长模型来模拟 P 在湖泊水体中的各个关键过程对湖泊生态系统稳定性演变的驱动过程，并识别其阈值水平。本书构建基于富营养化模型的数值分析方法，系统地对营养盐驱动的湖泊生态系统稳定性演变轨迹、驱动因子的阈值水平进行定量分析，并将此方法体系应用于滇池、洱海当中，揭示两个湖泊水体稳定性演变轨迹及 P 驱动过程的共性与差异性。

4.2 营养盐驱动的湖泊生态系统稳定性演变模拟方法

营养盐输入驱动的湖泊生态系统稳定性演变模拟方法主要包含以下内容：①构建简单的 N、P 驱动的藻类生长模型，模拟湖泊中 P 对藻类生长、沉降等关键过程，引入沉积物释放的模拟项，通过动态求解方程及贝叶斯动态估值对方程进行模拟校准；②采用突变点数值分析方法和相图分析来绘制湖泊生态系统稳定性演变轨迹，以及不同 N、P 输入负荷下的湖泊水体动态响应过程，给出湖泊水体所能容纳的 N、P 的阈值。

基于简单动力学模型的突变点数值分析方法及相图分析多用于种群生态学及理论生态学，是揭示生态系统稳态转换、系统动力学的重要手段，目前在湖泊生态系统，尤其是国内湖泊生态系统中应用极少。本章的方法体系如图 4.1 所示。

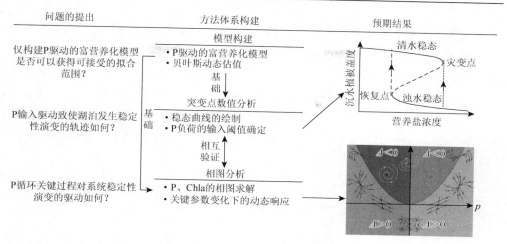

图 4.1 营养盐驱动的湖泊生态系统稳定性演变驱动机制分析思路

4.2.1 湖泊营养盐与藻类的模拟模型构建

基于研究进展所述，N、P 作为藻类生长必不可少的营养元素，其对藻类生长的限制性作用、优先控制问题仍然是目前湖沼学争论的问题之一，其中多数学者认为海洋中 N 成为藻类生长的主要限制元素，而淡水湖泊中 P 是限制性元素。作者后续的进一步研究也发现，N、P 在湖泊水体中具有交互作用。但本书的目的在于理论探讨，因此，本书忽略了 N 在湖泊水体内的循环过程及其对藻类生长的限制性因子，仅构建 P 驱动的藻类生长模型（图 4.2）。P 浓度对于湖泊生态稳定性的驱动主要是通过 P 对藻类生长的营养供给、藻类死亡后 P 的再释放，以及随着 P 的积累，沉积物释放造成的内源供给。为此，构建模型时，所

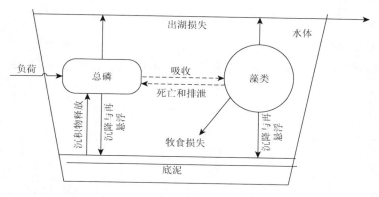

图 4.2 藻类生长模型

考虑的 N、P 在湖泊水体中的关键过程主要有：地表径流，湖泊水体中沉积物释放，藻类生长吸收，死亡代谢释放、沉降，以及被食物网中高级消费者摄食。在建模过程中有如下假设。

（1）不考虑水位和水量变化，只关注湖泊水体内物种浓度变化。

（2）湖中只有一种藻类，用 Chla 的浓度来表示藻类的量，只考虑浮游动物和鱼类对藻类造成的牧食损失，且藻类足够浮游动物和鱼类的牧食，不考虑大型植物对藻类和 TP 的影响。

（3）影响藻类生长和 P 转化的因素只考虑湖泊水体温度，并以 Michaelis-Menten 方程形式加以描述，其余因素并未考虑。

1）藻类生长

在水生环境中，对于藻类生长的方程是基于一种或几种生物的平均状况的。对于藻类 B，其生长的一般模型是

$$\frac{\mathrm{d}B}{\mathrm{d}t} = (\mu - r - \mathrm{es} - m - s) \times B - G \tag{4.1}$$

式中，B 为用生物量干重、Chla 或重要营养物浓度表示的藻类生物量或浓度；μ 为藻类生长速率（T^{-1}）；r 为呼吸速率（T^{-1}）；es 为内源呼吸速率（T^{-1}）；m 为非捕食死亡率（T^{-1}）；s 为沉降速率（T^{-1}）；G 为牧食损失（Jørgensen，2008）。

藻类生长速率 μ 通常表示为

$$\mu = \mu_{\max} \times \left[f(T), f(L), f(\mathrm{C,N,P,Si}) \right] \tag{4.2}$$

式中，$\mu_{\max}$ 为藻类最大生长速率；$f(T)$ 为温度限制因子；$f(L)$ 为光限制因子；$f(\mathrm{C,N,P,Si})$ 为营养物限制因子。但对本书中的模型而言，不考虑温度、光照和 C、Si、N 元素的影响，即

$$\mu = \mu_{\max} \times f(\mathrm{P}) \tag{4.3}$$

可用营养物的限制，如 $f(\mathrm{P})$，本书采用 Michaelis-Menten 方程。在这一方程中，藻类最大生长速率 $\mu_{\max}$ 受到营养物的外部浓度 C_P 限制，即（以 P 为例）：

$$f(\mathrm{P}) = \frac{C_\mathrm{P}}{C_\mathrm{P} + K_\mathrm{P}} \tag{4.4}$$

式中，K_P 为 P 的半饱和常数。

2）P 循环

根据图 4.2，湖泊水体中 P 循环过程只考虑输入负荷、流出损失，以及与藻

类生长消亡的相互转换关系。滇池、洱海湖泊水体深度相较于异龙湖而言更深，因此沉积物释 P 过程受湖泊水体溶解氧浓度影响较大。湖泊富营养化管理及多湖泊研究对比发现：湖泊水体中的沉积物释 P 与水柱中及沉积物中 P 浓度相关，低溶解氧水平下会加强 P 的沉积物-水界面循环过程，当湖泊水体中 P 浓度超过一定范围时，沉积物释 P 速率就会显著增加，从而促进湖泊水体富营养过程。本书借鉴 Carpenter 等（1999）提出的沉积物 P 释放的 sigmoid 表征函数，来表示滇池、洱海 P 的沉积物释放过程，此项表达式已被广泛应用于实际湖泊案例中（图4.3 和表4.1）：

$$\frac{dP}{dt} = W_P - sP + r\frac{P^q}{P^q + m^q} \tag{4.5}$$

式中，W_P 为 P 的外源负荷；s 为出流和沉降速率之和；r 为沉积物释 P 速率（g/（m³·月））；m 为释 P 速率的半饱和常数，及当释放速率到 $r/2$ 时的湖泊水体中 P 浓度（g/m³）；q 为形状参数，用以控制 P 浓度接近 m 时的沉积物释 P 速率变化速度。

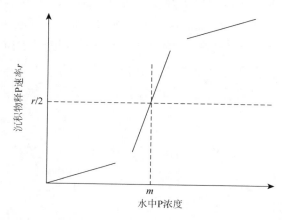

图4.3　沉积物释 P 速率与水中 P 浓度的关系（Carpenter and Lathrop，2008）

表4.1　采用反曲线表达沉积物释 P 的实际案例

所描述现象	模型中的表述	参考文献
数据分布的摇曳可以作为稳态转换出现的预警信号	湖泊可在两个独立稳态之间跃迁	Wang 等（2012）
湖泊富营养化需要借助生物操控	湖泊生物操控直接影响 P 的循环，在模型中可以通过增加 r 来实现	Carpenter 等（2001）

所描述现象	模型中的表述	参考文献
湖泊富营养化的治理的滞后	由于湖泊水体水利截留时间短，m 很高	Jeppesen 等（2005）
硫的加入加剧富营养化程度	铁离子的减少导致 m 值降低	Welch 和 Cooke（2005）
厌氧层曝氧或者增加铁离子	增加了 m 值，降低 q 值	Welch 和 Cooke（2005）

3）模型方程

综上，P 驱动的藻类生长模型动态模拟并不是为了紧抓所有可能导致湖泊水体生态系统发生多稳态变化的驱动过程，只希望可以揭示 P 的外源负荷、湖泊水体内沉积物释放这两个关键过程对湖泊稳定性演变的驱动过程，甚至是关键驱动过程的阈值。本书将 P 驱动的富营养化模型应用到滇池、洱海案例，仅模拟两个状态变量的动态变化，即藻类生物量和湖泊水体内 P 的浓度。藻类生物量的控制方程考虑藻类的生长、出流损失、沉降损失、死亡及浮游动物捕食损失。P 对藻类生长的影响采用 Michaelis-Menten 方程表示，温度对其的影响引入温度常数 θ（Law et al.，2009；Hu，2006），藻类生长的最适温度取 20℃。藻类的沉降则采用温度约束下的一阶方程式来表达，浮游动物捕食项仍借用浮游动物死亡率的二次项表达（Liu and Scavia，2010；Mao et al.，2008；Cranford et al.，2007）。P 的动态变化方程式则以式（4.5）为基础，对沉降和出流损失进行了区分，并考虑了藻类对 P 的吸收，其描述了 P 的外源输入，藻类和沉积物对湖泊水体内部循环的调节、沉降，以及水动力损失项。综上，滇池及洱海的 P 驱动的藻类生长模型为

$$\frac{\mathrm{d}B}{\mathrm{d}t} = \mu_{\max} \cdot \frac{P}{P + K_{\mathrm{HP}}} \cdot \theta^{T-20} \cdot B - M_{\max} \cdot \theta^{(T-20)} \cdot B - v \cdot B - L \cdot B^2 - h \cdot B$$

$$(4.6)$$

$$B = \alpha \cdot \mathrm{Chla} \tag{4.7}$$

$$\frac{\mathrm{d}P}{\mathrm{d}t} = W_{\mathrm{P}} + \frac{r \cdot P^q}{m^q + P^q} - (s+h) \cdot P - \left(\mu_{\max} \cdot \frac{P}{P + K_{\mathrm{HP}}} - M_{\max} \right) \cdot \theta^{(T-20)} \cdot \lambda_{\mathrm{P:C}} \cdot B$$

$$(4.8)$$

式中，B 为浮游植物生物量（g C/m³）；α 为浮游植物体内 Chla：C 的值，取 0.5（Scavia and Liu，2009）；$\mu_{\max}$ 为藻类月最大生长速率（月⁻¹），取 43.38（Law et al.，

2009）；K_{HP} 为藻类生长 P 摄取半饱和系数（g/m^3）；θ 为温度常数，取 1.04（Mao et al.，2008）；M_{max} 为 20℃下死亡速率（月$^{-1}$），取 8.1（Mao et al.，2008）；v 为藻类沉降速率（月$^{-1}$）（Liu and Scavia，2010；Scavia and Liu，2009）；L 为牧食损失（m^3/(g C·d)）（Liu and Scavia，2010；Scavia and Liu，2009）；h 为湖泊水体出流速率（m^3/月）；W_P 为 P 的外源入湖负荷，表征为单位湖泊水体面积每个月所容纳的 P 的量（g/（m^3·月））；s 为湖泊水体中 P 的月沉降速率（g/（m^3·月））；r 为沉积物释 P 速率（g/（m^3·月））；m 是释 P 速率达到 $r/2$ 时湖泊水体中的 P 浓度；q 则为一无量纲的指数，用以控制 P 浓度接近 m 时的速度；$\lambda_{P:C}$ 为藻类死亡后释放 P：C 的比例（Hu，2006）。

4.2.2　基于机理模型的突变点数值分析

在生态学领域中，资源-消费者（resource-consumer）模型、昆虫学（insect outbreak）模型、渔业（harvesting of fish）模型、捕食者（predator-prey）模型较多使用突变点数值分析。浅水湖泊富营养化模型，因浅水湖泊生态系统的非线性特征，湖泊水体内营养盐循环的复杂性，微分方程往往因湖而异，关键过程表达函数也相差很大，参数校准及模拟迭代困难，还较少使用。常微分方程（ordinary differential equation）的突变点数值分析是系统动态学理论的一个分支。

自然生态系统都处于逐渐变化的外部干扰当中。生态系统对外界的干扰呈现出非线性的复杂响应活动，在一定的外界干扰驱动下，生态系统会从初始状态最终发展至系统自身的稳定状态，即自稳态。在外界条件恒定的情况下，系统自稳态是不会随着时间的变化而改变的。不同的外界干扰因子、因子的不同水平、生态系统初始状态的差异，都会驱使生态系统朝着不同的稳态发展，即外界干扰水平、初始状态决定着生态系统的自稳态。而不同稳态点绘制的曲线即为生态系统在外界干扰胁迫下的稳态曲线，也即不同干扰水平下生态系统的稳态归趋。生态学中，识别特定干扰下生态系统的稳态值及不同干扰下生态系统的稳态曲线意义重大，因为其揭示着生态系统最终的发展趋势。识别富营养化驱动水平，本质是判定湖泊生态系统稳态转换轨迹、系统稳态突变点即稳态转换对应的外界干扰水平。

在真实的湖泊生态系统中，食物网各级之间呈现出复杂的食物流、能量流，这在湖泊生态系统中反映为一系列相互作用、影响、反馈的状态变量及关键过程。因此，湖泊生态模型是一系列多元、非线性、高阶的常微分方程。采用连续微分方程来模拟生态系统的动态变化时，构成微分方程的两大要素是状态变量和参数。其中状态变量表征生态系统自身状态，参数表征生态系统所受外界干扰。在湖泊生态系统稳定性及驱动因子定量判别的基础之上，基本可以确定湖泊稳定性现状和关键的驱动因子。接下来所要关注的问题便是：随着关键过程驱动水平的变化，湖泊水体中 N、P 及 Chla 会如何变化？3 个状态变量的响应是否一致？驱动过程的阈值水平如何？两个敏感过程同时变化的情境下，湖泊水体中 N、P 及 Chla 浓度又会如何变化？该如何选取两组驱动过程的最优组合？

为回答以上问题，本书基于已经校准过的富营养化模型，选取湖泊水体中的 P 及 Chla 作为状态变量，采用突变点数值分析方法分析状态变量发生稳定性演变对应的关键参数阈值，不同干扰水平下状态变量的动态变化过程及稳态曲线，以及两个参数组合下，状态变量的响应曲线。以简单的参数化常微分方程对突变点数值分析及稳态曲线的概念加以说明。对湖泊生态系统模拟而言，所考虑的参数化常微分方程为

$$\frac{\mathrm{d}x}{\mathrm{d}t} = x' = G(x,\alpha) \tag{4.9}$$

式中，$x \in R^N$ 表示状态变量，x 所存在的空间称为解的空间；α 表示参数；$G(x,\alpha)$ 是 x, α 的线性或非线性函数。

在初始条件 $x(0) = x_0$ 及参数集给定的情况下，微分方程有着固定的解 x_t，不同时刻 t 对应的方程解称为该参数集下的解的轨道（orbit of （1））。由于初始值的差异，在解空间中有一些区域，在那里往往存在着一系列非相交解轨道，用图像描述这些解的领域即为相图（phase portrait），系统动态学理论关注的辨识在不同参数组合 α 相图的动态变化行为。

令方程（4.9）为 0，即可求解系统状态变量的稳态曲线：

$$G(x,\alpha) = 0 \tag{4.10}$$

据前所述，突变点数值分析是针对稳态曲线而言的，因此只有当 (x,α) 是方程（4.10）的解时，才可以进一步分析参数 α 的突变点阈值水平。本书采用基于 MATLAB 的 Matconct 及基于 shell 的 XPP 平台来完成三个湖泊案例的数值点分析。具体步骤如下。

（1）在进行模型模拟校准后，通过机理判断及改变参数的先验分布精度来进行参数敏感性分析，筛选出对状态变量结果影响最大的参数。

（2）根据实际数据，选定初始值、参数值，采用 lsoda 或 4th Runga-Kunta 方法动态求解方程，求得方程稳态解。

（3）求解稳态解特征矩阵与特征值，以确定稳态解是真根还是假根。

（4）依照真根，通过 bootstraping 抽样方法，一定区间内改变参数求解方程的稳态曲线。

对于简单的二元常微分方程，求解生态系统的稳态曲线步骤为

$$\frac{\mathrm{d}n_1}{\mathrm{d}t} = r_1 n_1 \tag{4.11a}$$

$$\frac{\mathrm{d}n_2}{\mathrm{d}t} = r_2 n_2 \tag{4.11b}$$

式中，n_1, n_2 为种群密度；r_1, r_2 为逻辑斯谛增长曲线中的增长系数。方程（4.11）表征的是最为简单的两个独立种群的增长曲线，即种群 n_1 的增长并不影响 n_2 的增长，n_1, n_2 都呈指数增长。方程（4.11）的一般解析解为

$$n_1(t) = n_1(0)\mathrm{e}^{r_1 t} \tag{4.12a}$$

$$n_2(t) = n_2(0)\mathrm{e}^{r_2 t} \tag{4.12b}$$

式中，$n_1(0), n_2(0)$ 分别为 n_1, n_2 的初始值。根据自稳态的定义，该生态系统达到稳态的全局解即为 $\widehat{n_1} = 0, \widehat{n_2} = 0$。$\widehat{n_1} = 0, \widehat{n_2} > 0$ 或 $\widehat{n_2} = 0, \widehat{n_1} > 0$ 均不是系统的稳态，因为某一状态变量仍在随时间变化。

在微分方程组中，通常令 $\dfrac{\mathrm{d}n_1}{\mathrm{d}t} = 0, \dfrac{\mathrm{d}n_2}{\mathrm{d}t} = 0$ 来求解。对二元（多元）微分方程而言，只有当每个状态变量均达到自稳态时，整个方程组才会是全局稳态，即微分方程所表征的生态系统中，只有当全部状态变量自稳态的条件都得到满足时，整个生态系统才达到它的稳态，状态变量不会随时间变化而改变。

对方程（4.12）而言，令 $r_1 n_1 = 0, r_2 n_2 = 0$ 来求解全局稳态条件 $\widehat{n_1} = \widehat{n_2} = 0$。需要指出的是，生态系统的稳态点是针对状态变量而言的，系统中全部的状态变量不再随时间变化而改变时的值称为稳态点，而此时的参数水平即为使系统满足稳态的参数解空间。

对方程（4.11）而言，使得系统满足稳态的参数解为 $r_1 = r_2 = 0$。方程（4.11）存在且仅存在一组使得系统达到稳态的参数解 $r_1 = r_2 = 0$，该参数解条件下对应的系统稳态水平为 $n_1(t) = n_1(0)\mathrm{e}^{r_1 t} = n_1(0)$，$n_2(t) = n_2(0)\mathrm{e}^{r_2 t} = n_2(0)$。将方程一般化，得

$n_1(t) = n_1(0)f(r_1, r_2, \cdots, r_n), n_2(t) = n_2(0)g(r_1, r_2, \cdots, r_n)$，即系统的稳态水平取决于状态变量初始值及参数水平。不同的参数水平决定着不同的状态变量稳态值，随着参数水平的变化，状态变量会从一个稳态值跃迁到另一个稳态值，此时参数的变化水平称为阈值，变化的参数称为稳态转换可决参数，将一系列状态变量的稳态值与参数水平对应作图，即得到系统的稳态曲线图。

外界随机干扰始终存在，即便这些干扰十分微小。因此，系统在稳态时会对外界干扰出现两种响应：①外界干扰会使系统逐渐偏移稳态，发生巨大变化（drastic changes）；②系统的稳态会使外界干扰消弭（damp out），最终仍处于稳态。根据以上两种受到干扰后稳态的变化，可以将稳态分为真稳态（stability）和假稳态（instability）两种。一般假稳态在实际系统中不能长期存在，因为真实系统总是处于不断地干扰和变化中，且系统最终都会向真稳态演变。直观判断稳态为真稳态还是假稳态的一个方法为相图分析。

4.2.3　生态系统状态变量间的相图分析

系统状态变量随参数变化发生稳态转换所对应的参数值为突变阈值，系统状态变量在参数变化状态下随时间变化的解空间图投影在二维平面上所得到的即为相图。在本书中，如何理解甚至预测 P、藻两者共存的动态演变关系？P 浓度的变动对藻类的稳态曲线会有什么样的影响？不同的参数组合下，两个状态变量能否达到全局最优而非局部最优？为了解决这些问题，运用相图分析来对系统动态变化过程进行解析。

对湖泊生态系统而言，系统方程都是复杂的非线性常微分方程，难以直观地展示相图分析的基本概念和操作步骤。本书以生态学中最典型的 Lotka-Volterra 模型为示例，介绍相图分析的求解步骤。

（1）Lotka-Volterra 模型为

$$\frac{dN_1}{dt} = \frac{r_1 N_1}{K_1}(K_1 - N_1 - \alpha_{12}N_2) \tag{4.13}$$

$$\frac{dN_2}{dt} = \frac{r_2 N_2}{K_2}(K_2 - \alpha_{21}N_1 - N_2) \tag{4.14}$$

（2）分别求得令 $\frac{dN_1}{dt} = 0, \frac{dN_2}{dt} = 0$ 的解，求得 N_1, N_2 的一系列单独的稳态解，绘制成等斜线（isocline）（图 4.4）。

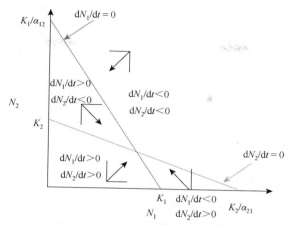

图 4.4　以 Lotka-Volterra 模型为例的相图示意

（3）找到系统的稳态曲线，N_1，N_2 的所有等斜线的交点即为系统的稳态曲线，或者是 N_1 的等斜线与 $N_2 = 0$ 的交点，又或者是 N_2 的等斜线与 $N_1 = 0$ 的交点。

（4）等斜线将整个相图分为不同的区域，每个区域根据方程可以算出 $\dfrac{dN_1}{dt}$，$\dfrac{dN_2}{dt}$ 的值，分别在不同的区域中标出。

（5）在图 4.4 所示情况之下，参数需要满足的条件为

$$K_1 < \frac{K_2}{\alpha_{21}}, \quad K_2 < \frac{K_1}{\alpha_{12}} \tag{4.15}$$

当参数值满足 $K_1 < \dfrac{K_2}{\alpha_{21}}, K_2 > \dfrac{K_1}{\alpha_{12}}$ 时，Lotka-Volterra 的相图变为图 4.5。由

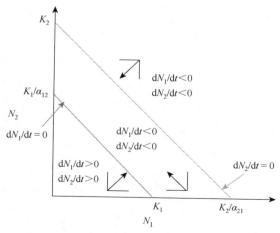

图 4.5　参数变动下的 Lotka-Volterra 模型相图示意

此可见，通过相图分析，可以清晰再现不同参数组合下状态变量的动态响应过程。

4.3　结果及讨论

4.3.1　营养盐驱动的稳态转换模型理论分析

1. 不同类型湖泊的多稳态分析

在进行实际案例分析之前，本书先以式（4.5）为基础，对本书所构建的 P 驱动的稳态转换模型进行案例的理论分析，以得到不同参数组合下系统平衡点的个数、是否存在多稳态，以及相应的阈值。通过不同参数组合对稳态平衡浓度、P 浓度变化轨迹等方面的影响，探究湖泊类型对湖泊富营养化和恢复过程及最终稳态等方面的影响。

模型参数取值参考以往研究。已有的实验研究广泛测定了不同湖泊中各过程的参数；同时也有一些模型研究中使用了与本书相同或类似的参数，并根据研究案例地给定了参数值及不确定性。本书根据已有研究中参数范围及参数取值等影响因素，设定了默认参数值及变化范围（Carpenter，2005；Carpenter et al.，1999）。

由平衡点及稳态的定义可知，式（4.5）满足 $\dfrac{\mathrm{d}p}{\mathrm{d}t}=0$ 时的所有组合都为平衡点。由图 4.6 可以看出，当外源负荷较低时，系统只存在一个稳态，一般称为清水稳态；而随着外源负荷逐渐升高，系统开始出现多稳态；如果外源负荷继续升高，则又恢复到只有一个稳态，但此时的稳态已经发生变化，变为浊水稳态。从图 4.6 右侧的相图可以看出，当系统只存在一个稳态时，无论起始状态的水体 P 浓度为多少，最终系统状态都趋向于稳态。而系统存在多稳态时，系统最终处于何种稳态取决于系统的初始状态。起始浓度较低时最终会趋向于清水稳态，起始浓度较高时最终会趋向于浊水稳态，而中间的平衡点下系统并不能长期保持稳定，在受到干扰时会趋向于另外两个稳态。

由以上分析可以看出，在默认的参数取值下，在一定的外源 P 负荷下，湖泊可能存在多稳态。模型的最终结果和参数取值密切相关，而参数取值实际上依赖于研究对象的基本特征。因此，接下来通过在合理范围内更改各参数取值，得到详情条件下是否存在多稳态，并得到稳态转换曲线及阈值的具体情况。

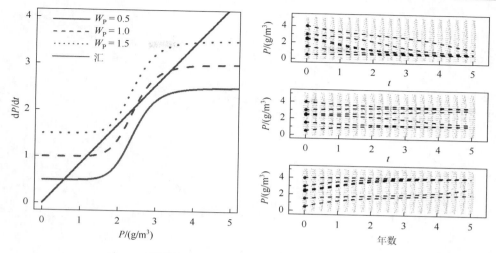

图 4.6　不同外源 P 负荷下水体稳态 P 浓度及相图分析

为了分析各参数取值对湖泊稳态的影响及模型的参数敏感性，在合理范围内更改各参数取值，观察最终是否存在多稳态及稳态状况。对式（4.5）的参数进行敏感性分析，敏感性分析的 4 个参数为 r、m、q、s。由图 4.7 的结果可知，4 个参数都对湖泊最终稳态及阈值有较为明显的影响。

参数 s 和 q 主要影响阈值点的位置，但在较大的变化范围内都不影响系统多稳态的出现。且 q 取值对阈值点位置的影响尤为明显，但对相应稳态下水体 P 的平衡浓度的影响相对不明显。参数 s 不仅对阈值点位置影响明显，对最终稳态下的水体 P 浓度也有较为明显的影响。

而参数 r、m 不仅影响阈值的位置，同时也影响系统是否存在多稳态。可以看出，r 取值较小时，系统为单稳态，且 P 与 W_P 基本呈线性相关，随着 r 取值增加，系统非线性程度也逐渐增加，并出现多稳态，系统的两个阈值都相应降低，浊水稳态对应的阈值降低得尤为明显。对参数 m 而言情况也类似：随着 m 值的增加，系统非线性逐渐增强，从相对线性逐渐变化为多稳态系统，清水稳态的阈值升高，而浊水稳态的阈值有所降低，但在负荷较高和较低时，不同 m 取值下的稳态水体 P 浓度较为接近。

2. 多稳态湖泊浊水稳态下的可逆性分析

根据湖泊是否存在多稳态及出现多稳态的阈值可以将湖泊大致分为：①湖泊的响应相对线性，即使随着负荷增加也只存在单一稳态；②湖泊在负荷较低时只存在清水稳态，负荷较高时只存在浊水稳态，一定负荷下存在多稳态；③湖泊

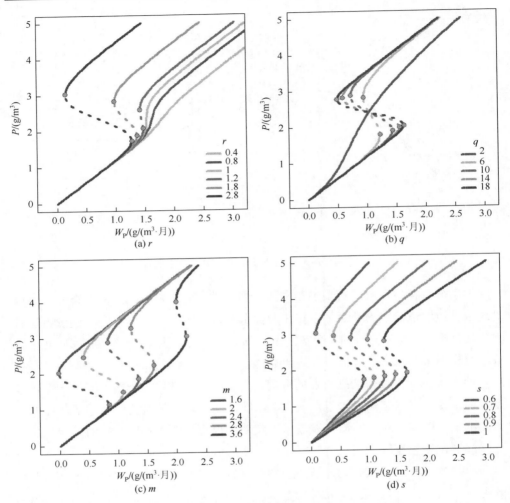

图 4.7　P 驱动稳态转换模型参数敏感性分析（见书后彩图）

即使在外源负荷很低时也存在多稳态，随着负荷逐渐增加只存在单一的浊水稳态。图 4.8 中从左到右 3 种情况分别对应这 3 种类型的湖泊。

　　对于第一种湖泊，其富营养化大多是可逆的，且由于负荷削减和水质改善之间的关系相对线性，治理和恢复相对简单。对于第二种湖泊，由于多稳态的存在，想要实现浊水稳态到清水稳态的转换，需要将外源负荷降低到湖泊富营养化之前的水平，且从负荷削减到稳态转换的实现需要较长的时间。对于第三种湖泊，仅靠外源负荷的削减并不能实现稳态转换，因为即使将外源负荷控制为 0，由于高水平的内源释放，湖泊将仍处于浊水稳态。对于第三种湖泊，富营养化的治理难

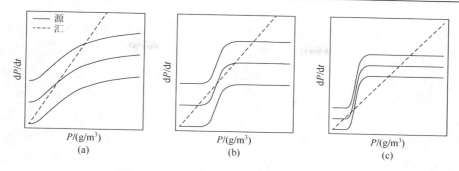

图 4.8 单稳态湖泊及多稳态湖泊的可逆性

度会非常高，仅仅依靠外源负荷的削减是不够的，更重要的是改变湖泊自身的状态，例如，采取提高湖泊出流速率和水动力条件、降低沉积物释放等修复工程。这些措施可能使得湖泊从第三种浊水稳态不可逆的湖泊变为第二种可逆的湖泊，在负荷削减的共同作用下实现湖泊的稳态转换和恢复。

但需要注意的是，上述对于湖泊浊水稳态可逆性的分类准确来说是对浊水稳态湖泊治理难度的描述，因为这里的"可逆"和"不可逆"指的是没有外部环境干扰、只考虑负荷削减影响下的理想状况。但实际上，外部环境干扰会使得湖泊状态发生变化，尤其是在气候变化的背景下，极端事件可能使得湖泊在较短的时间内出现明显的变化，如干旱使得水位下降、洪水使得水位上升、水动力条件改变，飓风对水体和沉积物的扰动等。在这些扰动的强度足够大的情况下，也能够使得湖泊发生稳态转换。考虑这些外部扰动和变化，对于理论上不可逆的湖泊，或者可逆湖泊在外源负荷不低于浊水稳态阈值的情况下，仍然有可能发生稳态转换，回到清水稳态。只是这种情况下即使恢复到清水稳态，系统的弹性较低，重新进入浊水稳态的风险可能较高。

为了模拟外部扰动对湖泊状态的影响，可在沉积物释放这部分增加随机干扰项，即

$$\frac{\mathrm{d}P}{\mathrm{d}t} = W_{\mathrm{P}} - sP + r\frac{P^q}{P^q + m^q}(1 + \mathrm{disturbance}) \tag{4.16}$$

$$\mathrm{disturbance} \sim \mathrm{norm}(0, \theta)$$

方程（4.16）中 θ 的取值反映了外部环境变化的剧烈程度：当 θ 取值较小时，说明外部环境相对稳定；随着 θ 取值增加，外部环境的波动也相应增加。这里假设随机干扰项的强度呈正态分布且均值为 0。

　　由于本书关注的是富营养湖泊的恢复，因此湖泊的起始状态应该设定在富营养状态。为了保证湖泊起始状态为富营养状态，需要先得到该参数取值下的负荷阈值及相应的水体 P 浓度。在默认参数取值下，该假想湖泊发生稳态转换的清水稳态阈值为 $1.35\text{g·m}^2/\text{a}$，浊水稳态阈值为 $0.825\text{g·m}^2/\text{a}$。如果只考虑负荷削减导致的湖泊稳态转换，对于浊水稳态湖泊，需要将外源负荷降到 $0.825\text{g·m}^2/\text{a}$ 以下湖泊才能回到清水稳态。为了探究负荷削减和环境波动对浊水稳态下湖泊稳态转换的影响，对不同负荷削减强度和环境波动强度的湖泊状态变化进行分析得到图 4.9。

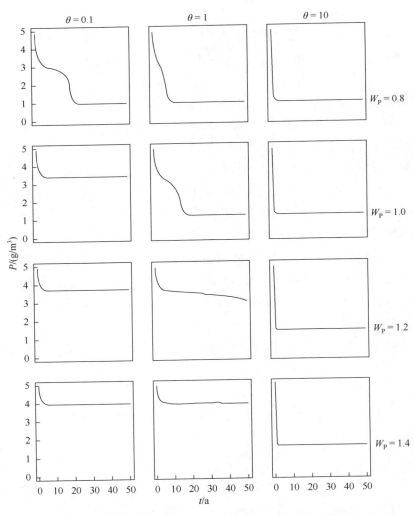

图 4.9　外部环境扰动和负荷削减对富营养湖泊稳态转换的影响

图中选取的负荷范围在 0.8~1.4g·m²/a，包含了系统的两个阈值。由于随机扰动项的产生是随机的，因此每次的模拟产生的结果不完全相同，为了避免随机性带来的极端结果，对于每种情况（不同 θ 和 W_P 的取值组合）都运行 1000 次。所有结果都包含在图 4.9 中，线条为中位数。

当外源负荷低于浊水稳态负荷阈值时，由于系统只存在单一的清水稳态，外部环境波动的变化只影响了湖泊从浊水稳态恢复到清水稳态的轨迹和时间，但最终湖泊都能够恢复到清水稳态，且外部环境的波动很可能能够缩短湖泊的恢复时间。

当外源负荷高于浊水稳态负荷阈值，且湖泊处于多稳态状况下，湖泊是否能够恢复到清水稳态和外部环境的波动有关。当外部环境波动较小时，湖泊仍然处于浊水稳态，且湖泊本身状态波动较小。随着外部环境波动的增大，湖泊状态的变化也相应增大，且有一定的可能性恢复到清水稳态，且在同等的环境波动强度下，外源负荷越低，湖泊恢复到清水稳态的概率越大。此时可以认为，当湖泊处于多稳态情况下，随着外源负荷的削减，湖泊系统的浊水稳态弹性逐渐降低，湖泊恢复到清水稳态的可能性增加，治理难度减小。

当外源负荷高于清水稳态阈值时，湖泊状态在浊水稳态附近波动，且随着外部环境的波动强度增加，系统的变化幅度也变大。当外部环境的波动足够大时，整体上湖泊出现较低营养盐水平的概率增加。

这一结果从某种程度上说明，极端事件强度和概率的增加对于富营养湖泊的治理来说可能是一种可以利用的机会（Ratajczak et al.，2017；Nyström et al.，2012；Scheffer et al.，2001），因为极端事件作为外部干扰可能使得湖泊本身状态直接发生较大的变化，对于存在多稳态的系统，这一状态变化可能导致稳态转换。但是在外部负荷较高的条件下，湖泊即使回到清水稳态，由于清水稳态的弹性相对较小，湖泊在外部扰动的影响下重新回到浊水稳态的概率也会相对较大。因此，从长期治理的角度来说，负荷削减还是必要且具有重要意义的。

4.3.2　滇池和洱海富营养化模型模拟结果

滇池、洱海的非线性动态模型模拟效果很好地拟合了两个湖泊月尺度实测 Chla 及 P 浓度。均方根误差（root mean square error，RMSE）及纳什效率系数（Nash-Sutcliffe model efficiency coefficient，NSE）都可以很好地佐证这一结论。对滇池而言，基于 95%后验分布的置信区间，除 2002 年 10 月，2005 年 3 月、4 月、10 月以及 2006 年 10 月外，其余所有的模型模拟值均很好地拟合了实测值。P 的模拟浓度的 RMSE 和 NSE 值分别为 $0.036g/m^3$ 和 0.902，而 Chla 的模拟值与实测值之间的 RMSE 为 $0.013g/m^3$，NSE 为 0.858。中位数的偏差也仅仅围绕在实测浓度之间，意味着模型的准确度及可靠性都很高。对洱海而言，只有 2006 年 10 月的模拟浓度并没有落在 95%置信区间内。尽管由于洱海实测浓度的强烈波动，其拟合效果并没有滇池那么理想，但 RMSE 和 NSE 结果也可以接受。P 的模拟和实测浓度之间 RMSE 为 $0.003g/m^3$，NSE 为 0.789；Chla 的 RMSE 和 NSE 分别为 $0.004g/m^3$ 和 0.821。

　　尽管模型估计的沉积物释放速率 r 均值比 Carpenter（2008）的高，但均位于 Carpenter（2008）所报道的 95%置信区间中。此外，沉降速率的估值也恰好位于 Gonsiorczyk 等（1997）所报道的区间——每月 $0.0045 \sim 0.0105g/m^3$。Gelman-Rubin 收敛诊断均接近 1.0，表明模型收敛效果理想（图 4.10 ～ 图 4.13）。

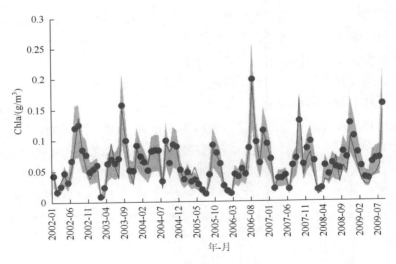

图 4.10　滇池 Chla 模拟结果

注：阴影表示后验的 95%置信区间，实心圆为实测数据，线条为模型模拟值。

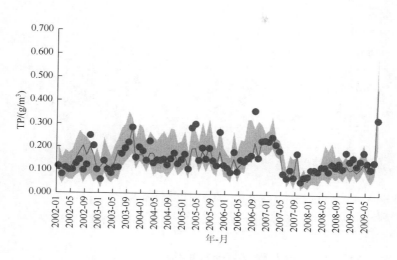

图 4.11　滇池 TP 模拟结果

注：阴影表示后验的 95%置信区间，实心圆为实测数据，线条为模型模拟值。

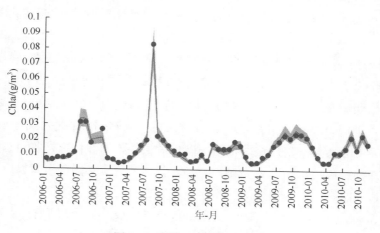

图 4.12　洱海 Chla 模拟结果

注：阴影表示后验的 95%置信区间，实心圆为实测数据，线条为模型模拟值。

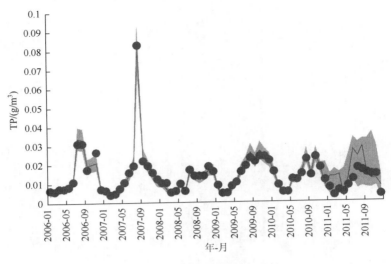

图 4.13　洱海 TP 模拟结果

注：阴影表示后验的 95% 置信区间，实心圆为实测数据，线条为模型模拟值。

4.3.3　滇池和洱海突变点数值分析结果

本书中，根据模型主控方程，在不同外源负荷条件取值下对方程求解，得到相应稳态，进而得到滇池、洱海水体 P 浓度随外源 P 负荷变化的稳态转化曲线。

重点关注滇池、洱海 P 循环的两个驱动过程：外源输入和沉积物释放。首先，需要考虑外源 P 负荷对湖泊水体中 P、Chla 浓度变化的驱动水平。在得到 P 和 Chla 的解析解的基础上，将洱海 P 月均负荷 W_P 由 $0.001g/m^3$ 分 2000 步线性增至 $0.009g/m^3$，滇池 P 负荷从每月 $0.01g/m^3$ 增至每月 $0.25g/m^3$，代入式（4.8），求得一系列 P 及 Chla 的稳态解，进而根据不同负荷条件下的参数判别各稳态解的稳定性，绘制成稳态曲线（图 4.14 和图 4.15），其中黑色实心圆表示真稳态，黑色空心圆表示假稳态。

图 4.14 和图 4.15 显示了滇池、洱海 P 的稳态曲线。尽管从湖泊水体表征来看，滇池、洱海均是富营养化湖泊，但是两者之间呈现出不同的动态特征。从稳态曲线来看，滇池的现状负荷 W_P 为 $0.2g/m^3$，处在富营养化稳态，按照目前的负荷水平，其 P 的稳态浓度应为 $0.3g/m^3$。滇池稳态曲线表明，若想使其恢复至有效的生态恢复区，其恢复点的负荷应当为每月 $0.05g/m^3$，根据滇池入流流量核算，此时应削减 80% 的负荷，削减后湖泊水体中 P 的稳态浓度为 $0.2g/m^3$ 以下；洱海的

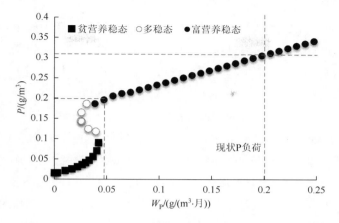

图 4.14　滇池 P 稳态曲线

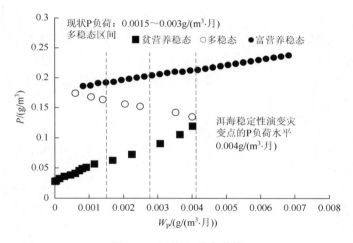

图 4.15　洱海 P 稳态曲线

现状月均负荷在 $0.0015 \sim 0.003 \mathrm{g/m^3}$，处于多稳态区间，采用较为保守的灾变点作为阈值衡量基准，此时洱海的 P 月均负荷水平应当低于 $0.004 \mathrm{g/m^3}$。从生态恢复的角度而言，滇池远离生态恢复点，需要更为严格的负荷削减措施才可能使其恢复到贫营养状态；而洱海目前在多稳态区间，正处于生态恢复有效区间，如果及时采取削减负荷并配合湖泊水体生态修复等其他措施，可将其恢复至贫营养状态。

4.3.4　滇池和洱海模型的相图分析结果

由于滇池、洱海 P 驱动的藻类生长模型是复杂的非线性模型，因此案例湖泊的相图呈现复杂的非线性。以洱海为例，如图 4.16 所示，图中蓝色线表示 P 的等斜线，红色线则为 Chla 的等斜线，两者的交点即为系统的稳态区间。点 I 对应 P、Chla 浓度都较低，为低浓度稳态，即贫营养稳态区间；点III对应 P、Chla 浓度较高，为高浓度稳态，即富营养稳态区间；点 II 处于中间位置，则为突变点。两条等斜线将整个面板分为不同的区间，系统初始状态位于不同的区间时，系统的动态发展用灰色箭头虚线表征。图 4.16 中，P 的负荷当量水平 $W_P = 0.0009$ (g/(m^3·月))，而 Chla 和 P 的等斜线有 3 个交点，很好地对应了洱海稳态曲线第 2 个区间，即负荷水平为 0.0009(g/(m^3·月))时，洱海位于多稳态区间；随着 P 负荷不断增加，两条等值线的交点数逐渐减少，高浓度稳态所对应的交点III也在朝着更高的 P、Chla 浓度发展；如图 4.16（d）所示，当 $W_P = 0.004$ (g/(m^3·月))，系统交点 I、II 重合，两条等值线相切，越过此负荷水平时，洱海将彻底处于富营养稳态。系统处于不同的初始位置时，其动态变化过程各异。在图 4.16 中，当系统位于图示不同区间时，其最终对应的稳态也不同。例如，当初始位置在区间 1 时，根据箭头所示，系统会最终朝向交点 I，即在此初始状态下，洱海会发展为贫营养稳态；当初始位置在区间 2 时，箭头所示系统会朝着高浓度稳态，即交点III发展，即此时洱海会成为富营养稳态；同理，初始位置在区间 3 时，系统会成为富营养稳态。随着负荷水平的增加，图 4.16（d）显示，无论系统处于何种初始位置，均会朝着富营养稳态发展。因此，依据本书的模型，洱海负荷水平每月 0.004g/m^3 应当是管理控制的临界负荷值。

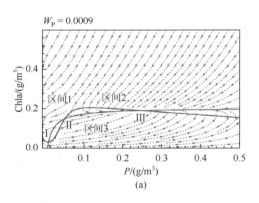

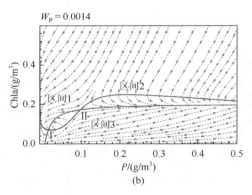

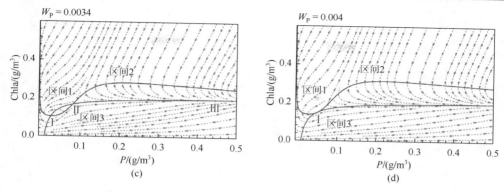

图 4.16　洱海案例的相图（见书后彩图）

　　滇池的 P-Chla 相图结果如图 4.17 所示，相图分析方法与洱海类似。通过相图可清楚发现，$W_p = 0.05$（g/(m³·月)）是滇池发生由低稳态向高稳态跃迁的临界值，此时，P 与 Chla 的等浓度线相切，表示当月负荷高于 0.05g/m³ 时，滇池将只存在一个高浓度稳态，而滇池的现状负荷约为 0.25g/m³，也就是说现在的滇池早已发生高浓度的稳定性跃迁。从生态恢复角度而言，滇池要跃迁回多稳态，必须将负荷控制在 0.05g/m³。结合滇池的入流、出流数据可以算出，需将滇池负荷削减为现有水平的 80% 才可以达到这一控制目标。

　　接下来，为了考虑内源释 P 对系统稳定性的影响，还考虑了沉积物释 P 速率 r 对系统动态响应关系的影响。如图 4.18 所示，改变洱海模型的 r 发现，r 控制着 P 的等斜线的形状，r 越大，P 的等斜线越陡，其与 Chla 等斜线的高稳态交点在 X 轴方向对应的 P 浓度越低，此时，低稳态和高稳态之间的距离越小，表明此时湖泊水体对外界负荷 W_p 的容纳范围越窄，对外界负荷输入的敏感性越低。即：

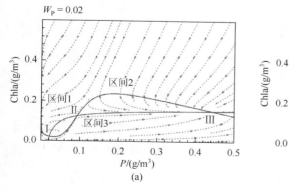

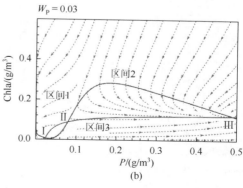

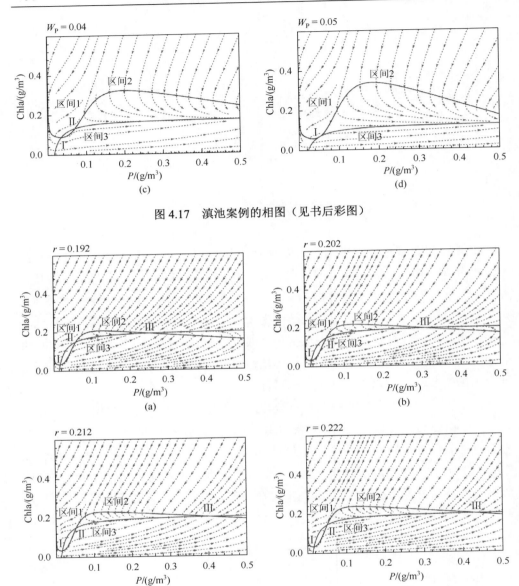

图 4.17　滇池案例的相图（见书后彩图）

图 4.18　不同 r 下的洱海相图（见书后彩图）

　　沉积物释放速率越大，内源释放对 P 浓度的贡献越大，湖泊水体所能容纳的外源负荷越小，随着外源负荷的不断增加，释放速率 r 高的湖泊更容易发生由低 P 稳态向高 P 稳态的跃迁。

4.4 小   结

本章构建了 P 驱动的湖泊生态系统稳定性演变及驱动过程模拟方法体系，在模型理论分析的基础上，主要包括 3 部分：①湖泊富营养化模型构建，是整个方法体系的基础，后续的数值分析都需要在校准的模型基础上实现；②突变点数值分析，用来模拟并绘制湖泊生态系统稳定性演变轨迹，确定驱动过程的阈值水平；③系统相图分析，用来揭示系统随驱动过程的动态演变过程。

模型重点关注滇池、洱海湖泊水体内 P 的循环及藻类生长、死亡等动态过程，可以很好地拟合滇池、洱海的观测数据，从而为接下来的数值分析提供模型基础。滇池、洱海的突变点数值分析，成功地绘制了两个湖泊的稳态曲线，得出滇池目前处于浊水稳态，其生态恢复点所对应的 P 负荷阈值为每月 $0.05g/m^3$，洱海目前处于清水-浊水多稳态，其灾变点的 P 阈值负荷为每月 $0.004g/m^3$。相图分析揭示出沉积物释 P 速率影响着两个状态变量的等斜线形状，进而影响整个生态系统的最终稳态，揭示出沉积物释放 P 与外源负荷对生态系统稳定性演变的共同驱动作用。

第5章 营养盐输入耦合短期强干扰的生态系统稳定性演变及驱动过程模拟

5.1 引　言

异龙湖生态系统稳定性演变驱动因子的识别显示，Chla 浓度并不是由 TN、TP 浓度的升高直接引起的。从对异龙湖 20 世纪 80 年代以来的年鉴查阅、负荷分析及现场调查来看（表 5.1），2009 年年初异龙湖外源性营养盐负荷并未明显增加。结合 GCT 结果，可以排除外源性营养盐负荷增加突破阈值进而导致湖泊稳定性跃迁（稳态转换）。正如第 1 章所述，对富营养化湖泊而言，除了流域外源 N、P 输入以外，湖泊水体内部沉积物的 N、P 的释放、循环过程也是湖泊水体中营养盐的重要来源，也会导致湖泊水体中初级生产力增加，水体透明度下降，水质恶化（Carpenter et al.，1985；Imboden，1974）。

表 5.1　异龙湖入湖河流负荷

时间	河道	入湖水量/$10^4 m^3$	TN/t	TP/t
	城河	705.9	85.64	10.06
	城北河	137.7	6.19	0.38
	龙港河	109.9	6.65	0.71
2009 年 1 月～6 月	城南河	41.33	1.85	0.22
	大水河	6.12	0.1	0.004
	合计	1000	100.4	11.37
2008 年 7 月～12 月	合计	4518	264.4	20.6

控制外源性营养盐输入，进而采取生态修复、生物操控等措施，是富营养化湖泊生态恢复和草-藻转换的合理途径（秦伯强，2007）。但已有的研究发现，大量的湖泊并未沿着人预想的绝对路径恢复至受损前的状态，这显然是由于受损湖泊在稳定性跃迁（稳态转换）前后生态系统的内部结构、驱动因素和关键

过程均发生了显著变化，生态系统具有明显的不可逆性。同时，湖泊生态系统沉积物 N、P 内源释放也进一步增加了生态恢复的难度和不可预知性（Jiang et al.，2015；Wang et al.，2015）。目前研究取得的共识是，沉积物为藻、草共同的主要营养盐来源，为两者生长演替提供生境条件；在一定的物理化学条件下藻类具有竞争优势，而水生植物能够起到减少沉积物再悬浮、改善透明度、为浮游植物提供庇护等积极作用（Wang et al.，2015）。然而，一方面，水生植物的积极作用需要一定的外部条件才能够展现；另一方面，水生植物也可能由于自身对沉积物的氧化还原电位、温度、pH、有机质等物理化学微环境的负面影响而导致藻-草稳态转换过程的迟滞甚至逆转（Scheffer and Jeppesen，2007；van Nes et al.，2007）。异龙湖湖泊水体 2008～2009 年发生显著的稳定性跃迁的主要表征是：沉水植被大面积消亡，蓝藻大规模暴发，Chla 浓度激增，因此，有理由假设是湖泊水体中沉积物释放 N、P 等关键过程发生突然变化造成湖泊水体发生稳定性跃迁。

是否存在某种诱因，使得湖泊水体中沉积物的 N、P 释放等关键过程突然变化，成为亟须探讨的问题。表 5.1 显示，2009 年初异龙湖外源性营养盐负荷并未明显增加，可以排除外源性营养盐负荷增加使得沉积物中 P 的浓度突然越过阈值而造成的稳定性演变。《异龙湖流域水污染总量控制研究报告》指出，相关管理部门每年会在异龙湖投放鱼苗。鱼苗投放资料显示，2008 年食草鱼（主要为草鱼）鱼苗投放时间为 4 月 21 日～4 月 28 日，投放总量为 1.833t；2009 年草鱼鱼苗投放时间提前至 1 月 10 日，1 月 10 日～2 月 20 日草鱼鱼苗投放量为30.353t。食草鱼的引入，一方面通过摄取沉水植被直接驱使沉水植被的消亡，另一方面又可以通过扰动沉积物，促进沉积物再悬浮进而促使其 N、P 的内源释放（Badiou and Goldsborough，2015；Levi et al.，2015），因此，2009 年异龙湖生态系统灾变性稳态转换的主要原因可能是食草鱼鱼苗的过量引入（Zou et al.，2014）。

5.2　异龙湖生态系统稳定性演变驱动机制的模拟方法

异龙湖生态灾变属于并非外源 N、P 输入直接驱使的稳定性演变，需要构建更为细致的富营养化模型来模拟 N、P 在湖泊水体内部的关键循环过程。本章构建营养物质驱动的富营养化模型来模拟 N、P 在湖泊水体中的关键循环过程，并通过模型动态求解、估值来模拟沉积物释放 N、P 等过程的动态变化，从而揭示异龙湖 2008～2009 年稳定性跃迁的内部驱动过程。本章还建立了草-藻-鱼三者之间的多稳态概念模型，运用相图分析来定性地揭示食草鱼的引入对异龙湖稳定性的驱动机制（图 5.1）。

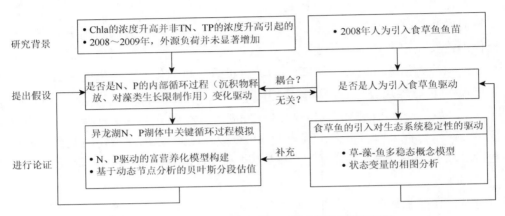

图 5.1　异龙湖生态系统稳定性演变驱动机制研究路线

5.2.1　N、P 驱动的富营养化模型模拟

1. 模型构建

1）TN、TP 循环

与滇池、洱海不同，虽然异龙湖的生态系统稳定性演变并非外源 N、P 输入直接驱动，但是为了验证是否是人为强干扰造成的湖泊水体内 N、P 循环关键过程的变化进而导致湖泊水体灾变，需要更为细致地模拟。如图 5.2 所示，异龙湖富营养化模型考虑的过程为：TN 和 TP 只考虑输入负荷、流出损失及与藻类生长消亡的相互转换关系，要明确沉积物对藻-草稳态转换营养盐的贡献及三者间的反馈关系，需首先分析沉积物中的营养盐特征及释放过程。上覆水体中的营养物质（如 N、P）进入沉积物-水界面后要发生一系列物理、化学及生物变化过程，即沉积物的埋藏过程，而这些变化过程在颗粒到达沉积物-水界面时就立即开始。沉积物在埋藏过程中的变化称为"成岩作用过程"（Berner，1980），指的是沉积物埋藏初期在沉积物-水界面及其附近所发生的各种化学反应和迁移过程，包括氧化还原、溶解沉淀、吸附解吸、迁移富集及微生物活动等作用；其特点是释放面积大，释放时间、途径和释放量均有不稳定性（肖化云和刘丛强，2003）。由于异龙湖本

身缺乏沉积物-水界面间理化性质的长期监测，因此，在本模型中，采用参数 I_{TN} 和 I_{TP} 作为沉积物净释放速率（释放-沉降）。表达形式如下：

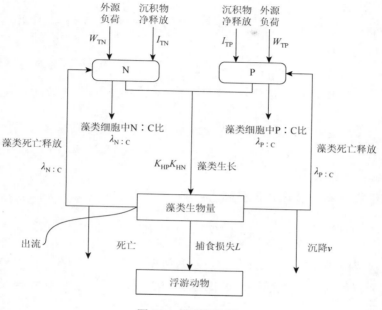

图 5.2　模型概念图

$$\frac{\mathrm{dTP}}{\mathrm{d}t} = \frac{W_{TP}}{V} + \lambda_{P:C} \cdot M_{\max} \cdot \theta^{T-20} \cdot B + I_{TP} - \frac{Q}{V} \cdot \mathrm{TP}$$
$$- \mu_{\max} \cdot \min\left(\frac{\mathrm{TN}}{\mathrm{TN} + K_{HN}}, \frac{\mathrm{TP}}{\mathrm{TP} + K_{HP}}\right) \cdot \theta^{T-20} \cdot B \cdot \lambda_{P:C} \tag{5.1}$$

$$\frac{\mathrm{dTN}}{\mathrm{d}t} = \frac{W_{TN}}{V} + \lambda_{N:C} \cdot M_{\max} \cdot \theta^{T-20} \cdot B + I_{TN} - \frac{Q}{V} \cdot \mathrm{TN}$$
$$- \mu_{\max} \cdot \min\left(\frac{\mathrm{TN}}{\mathrm{TN} + K_{HN}}, \frac{\mathrm{TP}}{\mathrm{TP} + K_{HP}}\right) \cdot \theta^{T-20} \cdot B \cdot \lambda_{N:C} \tag{5.2}$$

式中，TN 为总氮（g/m³）；TP 为总磷（g/m³）；B 为藻类生物量；$\mu_{\max}$ 为藻类最大生长速率（d⁻¹）（Law et al.，2009）；K_{HP} 为藻类生长 P 摄取半饱和系数（g/m³）；K_{HN} 为藻类生长 N 摄取半饱和系数（g/m³）；θ 为温度常数（Mao et al.，2008）；$M_{\max}$ 为 20℃下死亡速率（月⁻¹）（Mao et al.，2008）；Q 为湖泊水体出流速率（m³/d）；V 为湖泊体积（m³）；W_{TP}、W_{TN} 为外源负荷（g/（m³·d））；I_{TN}、I_{TP} 为沉积物净释

通量（g/（m^3·d））；$\lambda_{P:C}$、$\lambda_{N:C}$ 分别为藻类死亡后释放 P : C、N : C 的比例（Hu et al.，2006）。

2）藻类生长

对于藻类生长的方程是基于一种或几种生物的平均，对于藻类 B，其生长的一般模型为

$$\frac{\mathrm{d}B}{\mathrm{d}t} = (\mu - r - \mathrm{es} - m - s) \times B - G \tag{5.3}$$

式中，B 为藻类生物量；μ 为藻类生长速率（T^{-1}）；r 为呼吸速率（T^{-1}）；es 为内源呼吸速率（T^{-1}）；m 为非捕食死亡率（T^{-1}）；s 为沉降速率（T^{-1}）；G 为牧食损失（Jørgensen，2008）。

藻类生长速率 μ 通常用下述方程表示：

$$\mu = \mu_{\max} \times (f(T), f(L), f(C, N, P, Si)) \tag{5.4}$$

式中，$\mu_{\max}$ 为藻类最大生长速率；$f(T)$ 为温度限制因子；$f(L)$ 为光限制因子；$f(C, N, P, Si)$ 为营养物限制因子。本书所构建的模型不考虑温度、光和 C、Si 元素的影响，即

$$\mu = \mu_{\max} \times f(N, P) \tag{5.5}$$

可用营养物的限制，如 $f(N)$，本书采用 Michaelis-Menten 方程。在这一方程中，最大生长速率 $\mu_{\max}$ 受到营养物的外部浓度 C_N 限制，即

$$f(N) = \frac{C_N}{C_N + K_N} \tag{5.6}$$

对于不止一种营养物质限制生长的情况，如 $f(N, P)$，一般有两种表达方式：相乘限制和最小值限制。本书使用最小限制，即

$$f(N, P) = \min\left(\frac{TN}{TN + K_{HN}}, \frac{TP}{TP + K_{HP}}\right) \tag{5.7}$$

综上，本书描述藻类生长的方程式如下：

$$B = \alpha \cdot \mathrm{Chla} \tag{5.8}$$

$$\frac{\mathrm{d}B}{\mathrm{d}t} = \mu_{\max} \cdot \min\left(\frac{\mathrm{TN}}{\mathrm{TN} + K_{\mathrm{HN}}}, \frac{\mathrm{TP}}{\mathrm{TP} + K_{\mathrm{HP}}}\right) \cdot \theta^{T-20} \cdot B - M_{\max} \cdot \theta^{T-20} \cdot B$$
$$- \frac{v}{H} \cdot B - L \cdot B^2 - \frac{Q}{V} \cdot B \tag{5.9}$$

式中，B 为浮游植物生物量（gC/m^3）；α 为藻类体内 C：Chla 的系数（Scavia and Liu，2009）。

2. 基于动态节点分析的贝叶斯动态参数估值及模型模拟

湖泊水体中不论是 N、P 对藻类生长及优势种群的限制性作用，还是沉积物释放过程，都会随着 N、P 外源负荷的时间动态性发生差异。湖泊水体的边界条件（气象、水动力）、湖泊水体中食物网结构、水柱-底泥中 N、P 的相对含量，以及水柱-沉积物表面的物化条件、细菌种群等都会发生动态的变化。因此，在参数估值过程中，表征湖泊水体内部过程的参数的值不应当是一成不变的。湖泊水体的内部过程很难通过实验直接测得，但却可以通过观察水质指标（TN、TP、Chla）来间接地反映湖泊水体中内部过程的动态时间变化。采用基于贝叶斯节点模型的动态节点分析（changing point analysis，CPA）将 TN、TP 和 Chla 长时间序列进行分段，不同段内的指标其数据分布形式不同，用以判别湖泊水体过程是否出现了明显的差异，从而为参数分段估值提供理论依据。

$(Z_1, Z_2, \cdots, Z_T) \in Z^d$ 代表一系列独立观测的水质指标，Z^d 指代观测时间 T 内的独立完整集（iid）。简单来讲，假设对于长时间序列有一个突变节点 τ，τ 前后的数据分布一致性将会被检验：若 H_0（$F_1 = F_2$），则 τ 不存在；若 H_1（$F_1 \neq F_2$），则 τ 确实为突变节点。将这一简单理论扩展到水质指标的长时间序列分段测验中，本书采用一种 E-divisive 的非参数方法来实行多变量时间序列数据的 CPA，可同时得出突变点的数量及位置，无须给出前提假设（Matteson and James，2014）。至于节点前后的统计显著性检验，则采用一种置换 t 检验方法。假设在第 k 次迭代检验过程中，已有的突变点已将时间序列分为 k 段，$S_1, S_2, \cdots, S_k$，τ_k 为新的突变节点，其统计检验值为 q_0，计算已得到 $S_1, S_2, \cdots, S_k$ 的统计检验值并以此得到一组样本。通过比对这组样本与 $\tau_{k,r}$ 的样本一致性来区分 τ_k 这个节点是否可靠（James and Matteson，2013）。

在异龙湖的案例研究中，以 1998～2012 年水质数据 TN、TP、Chla 浓度的 CPA 分段结果作为参数贝叶斯估值分段的间接依据。具体做法为：①采用基于 R

开发的"ecp"包来实现水质数据的 CPA，首先将长时间序列水质数据进行对数变化和除趋势对应分析（dedentred correspondence analysis，DCA），去除异常值和趋势项，排除长时间序列浓度的季节性和趋势性的变化；②设置置换 t 检验的显著性区间为 0.95，并且根据流域气象数据选择可接受的最短分段值为 3 个月；③基于 E-divisive 算法进行 CPA。

贝叶斯理论是联系先验知识和后验知识的纽带，主要用于处理不确定性信息中的随机信息。其与经典统计分析的最大区别在于经典统计把参数当作常量，而贝叶斯认为参数是可融入主观解释（先验分布）的随机变量；二者的相似之处在于统计推断思想基础一致，都是基于似然函数。贝叶斯方法的一般模式为：先验分布加样本信息得到后验分布。先验分布反映了在获得实际观测数据以前关于未知参数的知识，后验分布集中了样本与先验分布中有关随机变量的一切信息，比先验分布更接近实际情况，因此使用后验分布做统计决策得到了改进。参数的先验分布、样本信息和后验分布关系为

$$P(\theta \mid D) \propto P(\theta)L(D \mid \theta) \tag{5.10}$$

式中，θ 为随机变量；D 为样本信息；$P(\theta)$ 为参数 θ 的先验分布函数，表示在未收集到数据前关于参数的认识，主要来源于以往的观测资料、经验和主观判断等；$L(D|\theta)$ 为似然函数，表明模型参数拟合实测数据的程度，值越大表明拟合程度越好，反之则差；$P(\theta|D)$ 为参数的后验分布，表明在获得观测数据之后模型参数的分布规律。

为降低模型不确定性的风险，在模型模拟过程中通常采用两种方法：①增加监测量；②采用更为复杂的模型结构，将湖泊水体过程模拟得更加细致化，使其更接近于实际情况。但前者成本较高，后者使得模型复杂化且灵敏度低。

贝叶斯方法进行参数识别的重点在于后验分布的抽样计算，主要分为离散贝叶斯算法和马尔科夫链蒙特卡罗（Markov chain Monte Carlo，MCMC）算法。离散贝叶斯算法只适用于参数较少的情况，包括 RSA（regional sensitivity analysis）方法和 GLUE（generalized likelihood uncertainty estimation）方法。MCMC 算法可用于复杂模型的参数识别，包括传统的 Metropolis-Hastings（M-H）算法和改进的 Metropolis（AM）算法。随后 MCMC 算法不断得到改进，如 DREAM（developed differential evolution adaptive metropolis）算法和 ADAMH（adaptive delayed acceptance MH）算法等，这些算法简化了后验分布的计算，为贝叶斯方法在参数识别及模型不确定性分析中的成功应用开辟了道路（表 5.2）。

表 5.2　贝叶斯后验分布估算常用的采样算法及比较（Virbickaite et al.，2015）

名称	提出年份	提出者	离散方法	MCMC 方法	关键点	优点	缺点
RSA	1978	Hornberger and Spear	√	×	二元划分，参数识别	解决了参数识别的不确定性问题	计算量随参数增长呈指数增长
GLUE	1992	Beven	√	×	似然度，参数区分	具有 RSA 法和模糊数学的优点	只适合参数较少的情况
M-H	1994	Tierney	×	√	参数分布及相关性	可用于复杂模型参数识别	先验信息少的参数推荐分布不确定性大
AM	2001	Haario	×	√	后验参数，自适应	可减少计算量	不能减少每次迭代时间
DREAM	2008	Vrugt 等	×	√	多条链自适应，全局最优	明确考虑参数的不确定性	不能减少每次迭代时间
ADAMH	2011	Cui 等	×	√	降阶模型，随机误差模型	可用于高维模型	—

注：√表示属于这种方法，×表示不属于这种方法。

　　许多模型采用形式复杂的微分方程来表达，这将直接导致后验密度的求解困难。此时若将连续随机变量离散化，便可大大简化运算，这种从离散分布出发采用贝叶斯理论进行参数识别的方法称为离散贝叶斯方法。具体步骤为：①确定参数的样本空间和先验分布；②在参数空间均匀地产生一个样本点，使先验概率与先验概率密度函数在该点取值成正比；③根据观测值与实测值的拟合求出该参数的似然度；④得到该参数的后验分布。离散贝叶斯方法只适合参数个数较少的情况，当参数个数超过 3～5 个时，参数识别过程将会非常耗时，此时离散贝叶斯方法不再适用，因此本书采用后验分布的改进 MCMC 算法抽样。20 世纪 90 年代，马尔可夫链蒙特卡罗算法被引入参数不确定性研究中，用于待估参数的贝叶斯采样，使参数后验分布的估计简单化，参数识别时间缩短。本书采用改进的 DREAM 算法来完成估值。DREAM 算法是近几年开发的一种新 MCMC 算法，其最大特点在于通过似然函数明确考虑模型结构、模型输入和参数的不确定性。虽然牺牲了每一次估值的迭代时间，但是可以保证全局最优，得到参数识别结果，使模型的不确定性得到量化。

5.2.2　异龙湖草-藻-鱼多稳态示意模型构建

　　为了回答是否是由于人为引入食草鱼，改变了异龙湖湖泊水体中沉积物释放 N、P 过程，进而驱动湖泊水体生态系统稳定性的演变，本书构建了异龙湖草-藻-

鱼多稳态概念模型。由于沉水植被盖度、食草鱼及藻类生物量连续数据的缺乏，本模型只能从理论生态学的角度，定性给出食草鱼的引入可能对湖泊水体稳定性演变的驱动机制。

1. 响应方程选取

生态学中，用以描述消费者对食物的摄取的响应关系的曲线称为功能反应（functional response）曲线。在建模过程中，往往使用数值响应方程来模拟消费者的生长或繁殖速率随着资源密度的改变而变化的响应过程。Holling（1959）将功能性响应曲线划分为 3 类，即 Holling's type Ⅰ、type Ⅱ、type Ⅲ。

（1）第一类响应曲线（type Ⅰ）描述的是线性响应，即：随着可得资源的增加，消费者的数量或生物量呈现线性增加态势。这一类响应曲线是假设消费者摄食过程所耗时间可忽略不计，或用于消费者生长的资源过剩，使得其保持均匀的线性增加。第一类响应曲线是 3 个功能性响应曲线中最为简单的一类，也是求解最为简单的方程。湖泊生态系统中的食物网结构复杂，营养盐含量动态变化致使其营养盐限制性作用也在不停地改变。复杂的食物链和能量流都表明第一类响应曲线并不适合。

（2）第二类响应曲线（type Ⅱ）相较于第一类响应曲线，其最大的改变就是认为资源是有着一定的承载力的，增加一个约束项，使其资源摄取速率降低。这一类响应曲线最常使用的方程便是等轴双曲线（rectangular hyperbola）方程：

$$f(R) = \frac{aR}{1+ahR} \tag{5.11}$$

式中，R 为资源密度；$f(R)$ 为消费者摄食速率；a 为单位密度资源被消费者捕获的速率（attack rate）；h 为消费者捕食资源的平均消耗时间（handling time）。

（3）第三类响应曲线（type Ⅲ）是基于第二类响应曲线（type Ⅱ）的改进，在第二类响应曲线的基础上，通过增加高次幂的数学表达式，将消费者增长速率进行分段描述。在低资源密度的条件下，其增长速率较慢，在一定区间内，随着资源密度的增加，消费者（捕食者）的增长（捕食）速率会出现一个显著增加，达到最大增长速率时对应的资源密度（浓度）称为半饱和浓度。典型的第三类响应曲线便是"Monod and Hill"方程，其描述的响应关系如图 5.3 所示，已经被广泛应用于湖泊生态模型中用以描述消费者（捕食者）-营养物（被捕食者）之间复杂的关系。其中，经常被用于描述湖泊中藻类随着 N、P 浓度的增长曲线的 Michaelis-Menten 方程便是典型的 Monod 方程。因此，在构建异龙湖草-藻-鱼多稳态模型中，也采用 Monod 方程的形式来描述状态变量之间复杂的非线性响应关系。

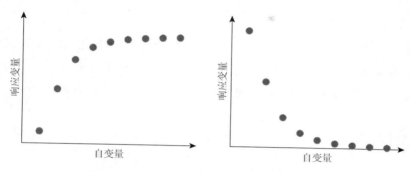

图 5.3　Monod 方程所描述的双变量响应关系

2. 去量纲化模型构建

本书旨在补充揭示食草鱼的人为引入对异龙湖湖泊水体中藻类生物量及营养盐浓度稳态曲线的干扰作用，而不是洞悉草-藻-鱼系统中具体的生态过程，加之异龙湖沉水植被与鱼的监测数据匮乏，本书所构建的是可以反映这三者之间生态关系的简单模型。在异龙湖草-藻-鱼理论生态模型中，模型只考虑 3 个状态变量，即沉水植被、藻类生物量和食草鱼。营养盐（N）作为模型中 3 个状态变量共同的驱动因子，这 3 个状态变量均无量纲。

一般而言，鱼的放养会通过影响湖泊水体浊度导致光照衰减进而影响沉水植被的生长，食草鱼更会通过摄食沉水植被直接影响沉水植被盖度。异龙湖 2008 年发生稳态转换前后，正是因为持续放养食草鱼导致沉水植被大面积消亡。因此，为了揭示食草鱼对异龙湖湖泊水体稳态的影响，本书所考虑的沉水植被和食草鱼的相互关系主要是：沉水植被一方面会受到食草鱼的捕食压力，另一方面也会受到由于食草鱼放养带来的浊度增加的影响。Crivelli（1983）通过围隔实验得出沉水植被的死亡率与食草鱼的生物量呈线性关系。

因此，构建方程如下：

$$\frac{\mathrm{d}A}{\mathrm{d}t} = r_A \cdot A \cdot \frac{N}{N + h_N} \cdot \frac{h_V}{V + h_V} - c_A \cdot A^2 \tag{5.12}$$

$$\frac{\mathrm{d}F}{\mathrm{d}t} = r_f \cdot F \cdot \frac{V}{V + h_{vv}} - c_{ff} \cdot F^2 \qquad (5.13)$$

$$\frac{\mathrm{d}V}{\mathrm{d}t} = r_v \cdot V \cdot \frac{h_A^P}{A^P + h_A^P} - c_{vf} \cdot M \cdot F - c_{vv} \cdot V^2 \qquad (5.14)$$

式中，A、F、V 分别为藻类生物量、鱼类生物量、沉水植被盖度，其生长方程均采用逻辑斯谛最大生长形式表达；r_A、r_f、r_v 为逻辑斯谛生长系数；c_A、c_{ff}、c_{vv} 为消亡系数，即可能出现的最大种群数量；c_{vf} 则为草-鱼转换系数。

5.3　结果及讨论

5.3.1　参数估值结果

基于设置的统计标准，CPA 分析将异龙湖 1998～2012 年的 TN、TP 及 Chla 浓度的月均值分为 24 个突变段（transition periods），每个突变段都被 1 个突变点（changing point）所分割（表 5.3）。在统计显著性检验过程中，共进行 $R = 146$ 次迭代，24 个突变点的统计显著性检验值都低于 0.05，从而证实了分段结果的可靠性。由于异龙湖处于低纬度的高原地区，降水、光照及风速都会有着显著的季节性差异，因此不同时间段的水质响应会存在差异，进而湖泊水体内部的营养盐循环过程，如受风扰动影响的沉积物循环，也会存在分段性差异（Lewis et al.，2007）。CPA 的结果间接佐证了湖泊水体中 N、P 循环关键过程的季节性差异：在 1998～2012 年中，异龙湖除去 2008 年发生的显著的水生植物大面积消亡事件外，还可以依据 TN、TP、Chla 呈现的数据分布的差异分为 24 个不同的时间段。研究小组其他的研究也发现了异龙湖的水动力条件存在着不同时间段的差异性，也可以间接导致湖泊水体内部沉积物循环过程的分段性差异（Zhao et al.，2013）。

表 5.3　异龙湖 TN、TP 及 Chla 的 CPA 结果

分段数	原始时间	每一段中的月份数	显著性水平
1	1998.3～1999.12	12	0.0068
2	2000.3～2000.11	5	0.0064
3	2000.12～2002.4	9	0.0064

续表

分段数	原始时间	每一段中的月份数	显著性水平
4	2002.8～2002.12	5	0.0064
5	2003.3～2003.11	9	0.0068
6	2003.12～2004.7	8	0.0068
7	2004.8～2005.1	6	0.0068
8	2005.2～2005.4	3	0.0135
9	2005.5～2005.7	3	0.0135
10	2005.8～2007.2	19	0.0088
11	2007.3～2007.7	5	0.0161
12	2007.8～2007.11	4	0.0161
13	2007.12～2008.4	5	0.0161
14	2008.5～2008.9	5	0.0161
15	2008.10～2009.4	7	0.0161
16	2009.5～2009.10	6	0.0161
17	2009.11～2010.3	5	0.0068
18	2010.4～2010.6	3	0.0068
19	2010.7～2010.9	3	0.0068
20	2010.10～2011.1	4	0.0068
21	2011.2～2011.6	5	0.0473
22	2011.7～2011.12	6	0.0463
23	2012.1～2012.4	4	0.0423
24	2012.5～2012.10	6	0.0465

　　异龙湖案例中参数贝叶斯估计的具体做法为：采用 MCMC 来进行后验分布抽样，整个参数动态估值及模拟过程采用 WinBUGS（version 1.4.3）中的微分方程平台 WBDiff（WinBUGS different interface）完成。MCMC 抽样过程设置 3 条链，每条链迭代 20000 次，模型收敛后舍弃前 10000 次迭代结果。收敛程度使用潜在收敛系数 Rhat 来衡量（Rhat = 1.0 表示模型近乎收敛完整）（Gelman and Hill，2007）。参数后验的准确性则通过估计抽样均值和先验均值之间的差异来衡量，即蒙特卡罗误差，设置全部待估参数的误差不大于 5%则为模型后验结果可靠（Spiegelhalter et al.，2003）。异龙湖案例中，K_{HN}、K_{HP}、I_{TP} 和 I_{TN} 的先验分布分别为：$I_{TP} \sim N$（0.0053，0.03681）（Jeppesen et al.，1998），$I_{TN} \sim N$（0.0375，0.0813）（Nowlin et al.，2005），$K_{HN} \sim N$（0.025，0.002）I（0，），$K_{HP} \sim N$（0.002，0.0015）

I（0，）（Mao et al.，2008）。其中 K_{HN} 和 K_{HP} 为固定估值，为了能更好地表征湖泊水体内部沉积物-水界面 N、P 循环的动态过程，I_{TP} 和 I_{TN} 则依据 CPA 的分段结果进行分段估值，每个突变段的先验是一致的。

在异龙湖 N、P 驱动的藻类生长模型动态模拟中，MCMC 抽样过程 Rhat 始终接近 1.0，表征着模型收敛效果理想（Gudimov et al.，2012；Arhonditsis et al.，2007）。5000 次迭代后 MCMC 链便迅速收敛，为了避免后验数据间的自相关性，贝叶斯后验分布统计结果则从 15000 次迭代结果中以 4 为步长进行抽取。K_{HN}，K_{HP} 的后验分布如表 5.4 所示，与参考文献中所报道的浅水湖泊 K_{HN}，K_{HP} 值十分吻合；分段估计的 I_{TP} 和 I_{TN} 后验分布则是与文献中所报道的沉积物净释放 P 和 N 的范围相符（Mao et al.，2008；Nowlin et al.，2005；Jeppesen et al.，1998）。需要说明的是，本书定义的沉积物净释放 N、P 速率为沉积物释放量减去水柱中 N、P 的沉降量，因此，I_{TP} 和 I_{TN} 可以为负。异龙湖模型中，I_{TP} 和 I_{TN} 的后验值为正，表示沉积物向水柱提供的 N、P 的量大于水柱中 N、P 的沉降量，即沉积物释放提供的内源 N、P 量大于沉降量，不容忽视。参数估值结果与 Søndergaard 等（1999）的研究结论一致。Søndergaard 等（1999）对丹麦 32 个湖泊进行了沉积物 N、P 释放规律探究，其研究定义的沉积物对湖泊水体中 P 的净截留与异龙湖模型中所定义的沉积物 P 净释放过程恰好相反。在丹麦 32 个案例湖泊研究中，超过 50% 的案例湖泊水体夏季 TP 平均浓度都处于 0.04～0.08g/m^3，这些湖泊的 P 净沉降量都为负，即沉积物净释放 P 的量为正。对异龙湖而言，即便是在 2008 年湖泊水体生态系统稳态转换发生之前，湖泊水体中全年 TP 平均浓度都高于 0.04g/m^3，因此异龙湖沉积物净释放 P 量为正，与 Søndergaard 等（1999）所得结论一致。此外，模型估计的 I_{TP} 值 0.0018g/(m^3·d)，与 Jeppesen 等（1998）所报道的浅水富营养化湖泊索比加德湖的 P 的沉积物净释放速率 0.0027g/(m^3·d)接近；I_{TN} 值 0.035g/(m^3/d)，则与 Nowlin 等（2005）所研究的一富营养化水库 N 的沉积物净释放量 0.03744g/(m^3·d)一致（图 5.4）。

表 5.4　异龙湖 N、P 驱动的藻类生长模型中参数后验估计结果

参数	均值	标准差	置信区间		中位数	MC error[*]	Mao 等（2008）
			2.50%	97.50%			
K_{HN}/(g/m^3)	0.0297	0.0097	0.0047	0.0428	0.0223	0.0003	0.0250
K_{HP}/(g/m^3)	0.0017	0.0007	0.0033	0.0031	0.0183	0.0008	0.0020

* 即蒙特卡罗误差

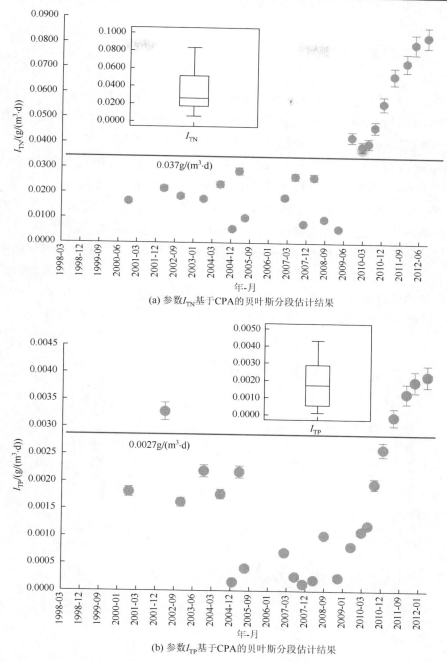

(a) 参数I_{TN}基于CPA的贝叶斯分段估计结果

(b) 参数I_{TP}基于CPA的贝叶斯分段估计结果

图5.4 参数I_{TN}和I_{TP}基于CPA的贝叶斯分段估计结果

注：误差图表示后验估计的2.5%和97.5%置信度，箱线图表示后验估计的均值、标准差，虚线表示I_{TP}
（Jeppesen et al.，1998）和I_{TN}（Nowlin et al.，2005）的文献对比值。

5.3.2　模型校准结果

在动态求解方程进行参数估值过程中,模型也得到了校准。图 5.5 显示,Chla、TN 和 TP 的模拟结果很好地拟合了异龙湖的实测数据,观测数据都落在拟合数据的 95%置信区间中,同时也采用 RMSE 来评判模型的拟合度。Chla 的 RMSE 为 0.0185g/m³,TP 和 TN 浓度的 RMSE 分别为 0.0085g/m³ 和 0.4007g/m³。RMSE 结果相较于异龙湖实测令人满意。尽管在 2008 年稳态转换后,Chla、TN 和 TP 的浓度都出现了较大的跃迁,且 2008 年后的月均浓度都出现了频繁波动,模型拟合效果并不如稳态转换前令人满意,但是考虑模型的误差、参数后验的可靠度,模型模拟结果仍是令人满意的。为揭示异龙湖 N、P 循环关键过程的动态变化,在构建 N、P 驱动的藻类生长模型时,简化了湖泊水体水动力过程和物质循环过程,但是模型的模拟结果及参数后验结果都表明,异龙湖模型可以很好地用于湖泊水体 N、P 循环关键过程变化分析及水生态管理决策研究。

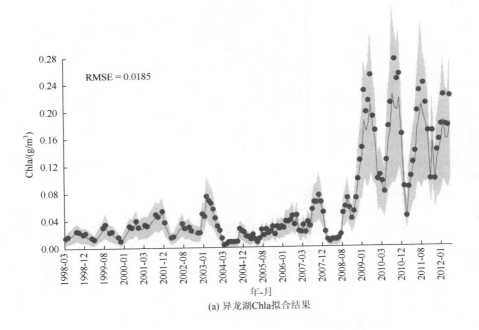

(a) 异龙湖Chla拟合结果

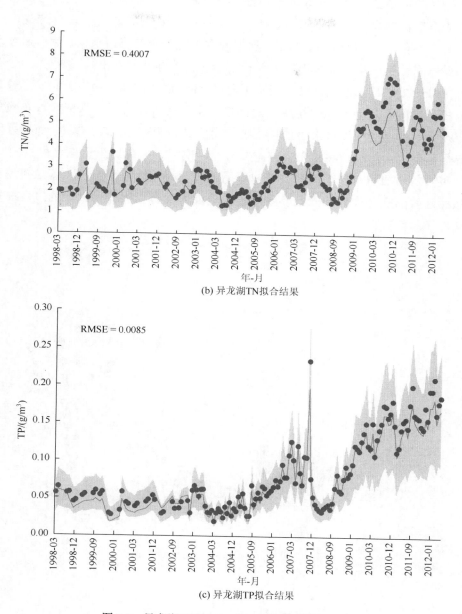

(b) 异龙湖TN拟合结果

图 5.5 异龙湖 Chla、TN 和 TP 的模型模拟结果

注：圆圈代表观测值，灰色曲线表示模拟均值，阴影部分表示 95%置信区间。

　　为了保证参数变化下结果的鲁棒性（robustness），将参数先验的方差加倍或减半来观察不同先验范围下的模型模拟结果（Liu et al.，2011）。具体来说，对于一确定参数 $\theta \sim N$（θmean，θsd），保持参数先验分布的均值不变，然后通过改变先验分布范围的最大和最小值来改变整个先验的标准差 θsd。当参数先验分布方差削减一半时，参数抽样时可变范围变窄，MCMC 抽样会集中于原始先验分布下的子区间。从不同先验精度下的模拟结果对比可以发现，削减参数先验分布方差后，模型的模拟结果因抽样范围的变窄显著变差，模拟结果的 95%置信边界显著变宽。然而当参数先验方差加倍时，模型模拟结果并没有因为 MCMC 抽样范围的增加而有显著提升，表明原始的参数先验分布即可迅速满足模型极大似然函数的充分收敛，而且参数后验的表现也没有因为先验分布的改变而发生偏差（图 5.6）。

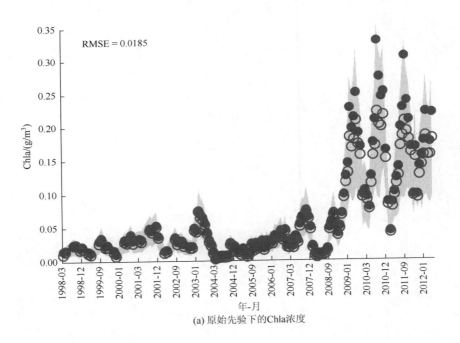

(a) 原始先验下的Chla浓度

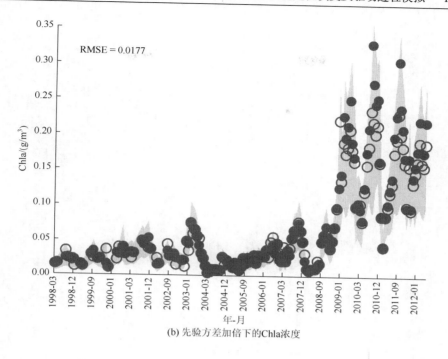

(b) 先验方差加倍下的Chla浓度

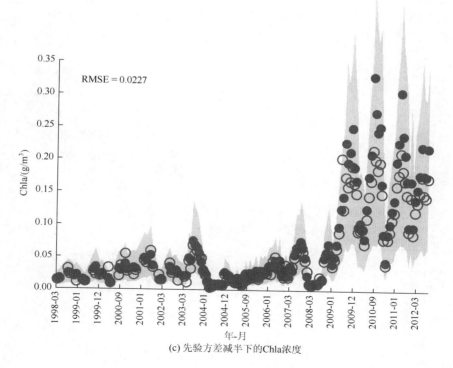

(c) 先验方差减半下的Chla浓度

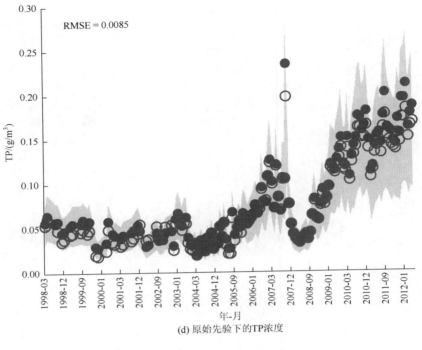

(d) 原始先验下的TP浓度

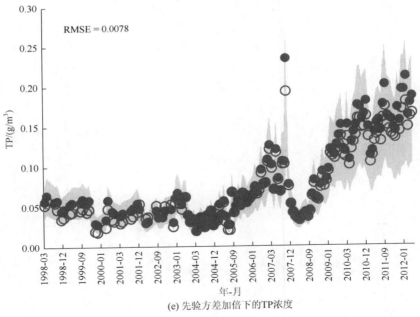

(e) 先验方差加倍下的TP浓度

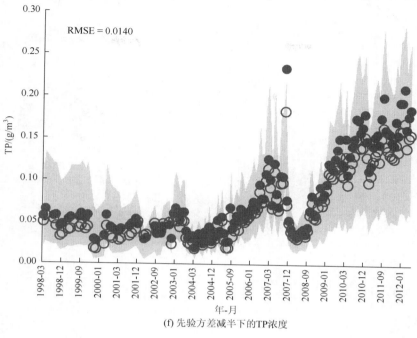

(f) 先验方差减半下的TP浓度

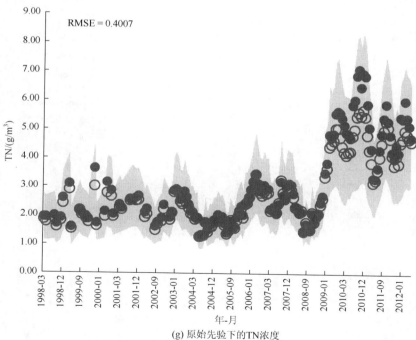

(g) 原始先验下的TN浓度

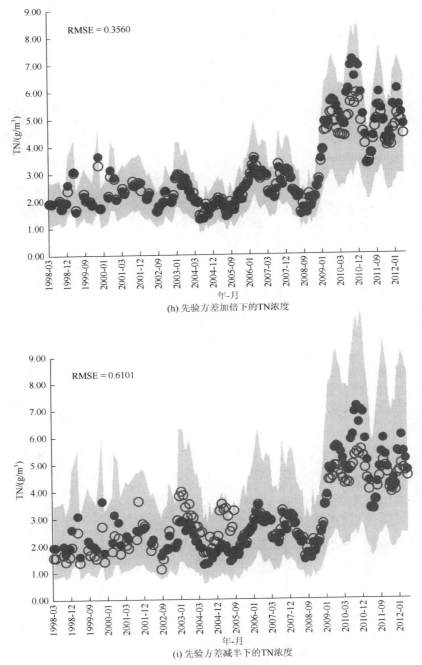

(h) 先验方差加倍下的TN浓度

(i) 先验方差减半下的TN浓度

图 5.6　先验分布的鲁棒性检验（以 I_{TP} 为例）

注：（a）~（c）空心圈表示 Chla 的拟合值，（d）~（f）空心圈表示 TP 的拟合值，（g）~（i）空心圈表示 TN 的拟合值；实心圈表示观测值，阴影表示 95% 置信区间。

5.3.3　N、P 循环的关键过程动态变化

1）N、P 限制作用的动态变化

浅水湖泊中 N、P 循环中的关键过程便是对藻类生长的限制性作用，因此可用模型来揭示湖泊水体中 N、P 限制性作用的动态变化。根据估计得到的 K_{HN} 和 K_{HP} 值，计算并比较藻类生长方程中对 N、P 的摄取项 TN/(TN + K_{HN})和 TP/(TP + K_{HP})（图 5.7）来探究 N、P 对藻类生长限制性作用的动态变化（Hecky and Kilham，1988）。2008 年稳态转换发生前，TP/(TP + K_{HP})的值远远低于 TN/(TN + K_{HN})的值，表征相较 N、P 成为藻类生长的主要限制因素。进而湖泊中藻类生长和水体中 P 有着很强的交互作用，TP/(TP + K_{HP})显示很强的波动，而 TN/(TN + K_{HN})值则较为平稳。值得一提的是，2008 年前后，TP/(TP + K_{HP})值有显著增加，意味着 P 不再是限制藻类生长的主要限制因素，模拟期后期 TN/(TN + K_{HN})和 TP/(TP + K_{HP})的值最终相近。TN/(TN + K_{HN})和 TP/(TP + K_{HP})的动态性变化表明：随着水体中 P 的积累，P 对于藻类生长的限制性作用逐渐降低，而 N 却逐步成为同样重要的限制性元素。

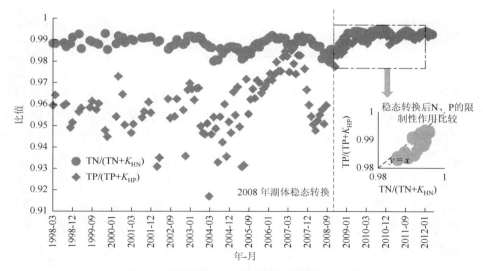

图 5.7　异龙湖 N、P 限制性作用的动态变化

湖沼学研究表明，藻类生长往往都需要最适的 N、P 浓度，因此随着水体中 N、P 浓度的变化，湖泊水体中藻类的优势种群也会变化（Smith，1983，1986；

Cleveland and Liptzin，2007）。由文献可知几种主要的富营养化藻的最适生长条件。氮磷比为 40∶1，TP 浓度为 0.07mg/L 时最适宜铜绿微囊藻生长；螺旋鱼腥藻和水华束丝藻生长旺盛时吸收的氮磷比分别为 14.79∶1，12.46∶1，推测其为各自生长的最适氮磷比。由《异龙湖流域水污染总量控制研究报告》可知，1952 年以来，异龙湖的淡水藻类共有 4 门 36 种，以蓝藻门、绿藻门、裸藻门、硅藻门的淡水藻类为主。1997 年，由实测数据可知，异龙湖流域平均氮磷比接近 45∶1；1997～2003 年的氮磷比整体呈现逐年降低的趋势；在 2004 年，其平均氮磷比为 25∶1；2009 年其平均氮磷比接近 30∶1。因此，推测 1997～2009 年，异龙湖的优势藻类，1997 年为蓝藻门，2003 年为硅藻门，2009 年为蓝藻门中的铜绿微囊藻，然而这与《异龙湖流域水污染总量控制研究报告》的实际调查结果差异很大（表 5.5）。

表 5.5　1997～2009 年异龙湖 TP、TN 平均浓度、比值及优势藻类

项目	1997 年	2000～2003 年	2008～2009 年
TP 浓度/(mg/L)	0.04	0.07	0.099
TN 浓度/(mg/L)	1.85	1.92	2.89
氮磷比	46.25	27.42	29.19
推断优势藻类	蓝藻门	硅藻门	蓝藻门中的铜绿微囊藻
实际调查优势藻类	绿藻门	蓝藻门	绿藻门

绿藻门生长的最优氮磷比大于 29∶1，因为其需要更多的 N 来维持生长和代谢（Smith，1983）。异龙湖稳态转换前后优势种由蓝藻门变为绿藻门，由于不同藻的最适生长 N、P 浓度不同，从而选择性地改变了对湖泊水体中 N、P 的吸收，进而影响了 N、P 的限制性作用。此外，蓝藻因具有将大气中的 N 固定为氨态氮（NH_3-N）、硝态氮（NO_2-N）或亚硝态氮（NO_3-N）的能力，可以补充湖泊水体中的 N。2008 年后，优势藻类从蓝藻到绿藻的转变，导致水体藻类对大气固 N 降低，导致 N 源相对降低，最终促进了异龙湖 N、P 的共限制模式。湖泊水体中 N、P 的协同效应也可以帮助解释异龙湖 N、P 限制动态变化的模式。P 限制时期，P 会促进藻类的生长，进而促进藻类对无机 N 的摄入，藻类的代谢、死亡又增加了 N 的转换和颗粒态有机质的沉积过程（Finlay et al.，2013）。藻类对 N 的摄食和消费又进一步造成湖泊水体中 N 的相对缺乏，最终发展为 N、P 的共限制作用（Small et al.，2014；Finlay et al.，2013；Suddick et al.，2013）。探究湖泊水体中 N、P 的

限制性作用对于湖泊水体营养盐控制有着重要意义。2008 年前，P 应当是异龙湖的优先控制元素，然而 2008 年后，异龙湖应 N、P 同控（Schindler et al.，2008；Hecky and Kilham，1988）。

2）N、P 外源负荷与内源释放的动态变化

湖沼学中，越来越多的研究表明浅水湖泊 N、P 的内源释放已经成为阻碍湖泊水体水生态恢复的重要原因，因此探究 N、P 的内源释放机制可以为湖泊水体水生态恢复提供直观而有效的措施（Kim and Park，2013；Søndergaard et al.，2013；Granéli，1999；Søndergaard et al.，1999；Austin and Lee，1973）。本书通过分别比较 N、P 的内源释放（沉积物净释放 I_{TP}、I_{TN}）与外源负荷 W_{TN}/V、W_{TP}/V，来强调异龙湖中沉积物释放过程的重要性。结果 [图 5.8（a）和图 5.8（b）] 显示，2008 年稳态转换发生之前，相较于沉积物释放，N 和 P 的外源负荷都占主导地位。N 的内源负荷在 2008 年前都处于较低且稳定的状态，然而 P 的沉积物释放在 1998～2005 年呈显著下降趋势，甚至在 2005 年后降低至 0.0013g/（$m^3 \cdot d$）。2008 年 10 月后，N 和 P 的沉积物净释放都呈现显著上升趋势，且超越外源负荷成为湖泊水体中 N、P 主要贡献源。异龙湖的内源释放动态变化特征与其余一些浅水湖泊的案例相一致。Søndergaard 等（2013）对丹麦 6 个浅水湖泊长达 21 年的月均水质及水生态研究发现，在每年的 5～8 月湖泊水体初级生产力水平较高的时候，湖泊水体中沉积物释放造成的内源排放等同甚至高于流域外源负荷。此外，庞恰特雷恩湖的沉积物中 P 的释放研究表明，由沉积物向上覆水柱释放的 P 约占 P 负荷的 30%～44%（Roy et al.，2012）。受湖泊水体沉积物-水界面的物化-菌种条件，水体和沉积物的相对 N、P 浓度，湖泊水体中初级生产力水平，湖底地形变化，以及风速扰动造成的沉积物再悬浮等众多因素影响，沉积物释放 N、P 对湖泊水体中 N、P 总量的贡献率呈现动态变化的趋势（Wetzel，2001）。对异龙湖而言，沉积物净释放 N、P 的动态变化原因为：沉积物的净释放量取决于两个过程，即沉降和沉积物释放，即净释放＝释放–沉降。稳态转换前，持续的外源 N、P 输入使得水体中 N、P 浓度逐渐升高；沉降量逐渐增加使得沉积物中累积的 N、P 浓度也升高。对 N 而言，沉积物释放过程十分复杂，沉积物界面的菌落会使得 N 在不同形态间转换。以有机 N 为例，间隙水中的有机 N 浓度是上覆水中的数百倍（Hu et al.，2001；Capone et al.，1983），巨大的浓度差使得沉积物源源不断地向上覆水柱中释放 N，尽管沉降过程显著，但是 N 的沉积物净释放过程仍可以基本维持相对稳定。对 P 而言，随着 P 在沉积物中的不断累积，沉积物表面的 P 浓度增加，上覆水中的浓度差降低，进而导致沉积物释放量减少。与此同时，异龙

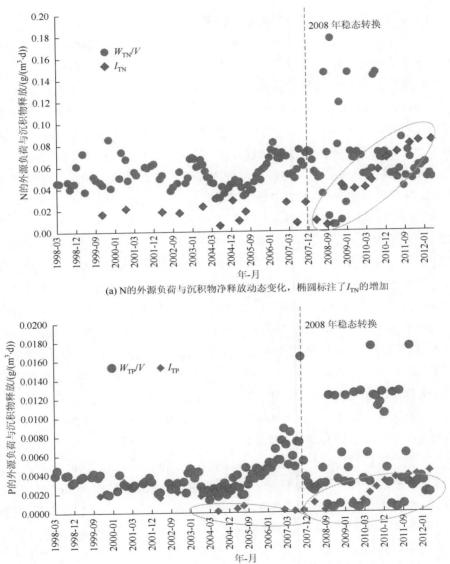

(a) N的外源负荷与沉积物净释放动态变化，椭圆标注了I_{TN}的增加

(b) P的外源负荷与沉积物净释放动态变化，右边的椭圆表示2008年后I_{TP}的升高，左边的椭圆表示稳态转换突变点前I_{TP}的降低

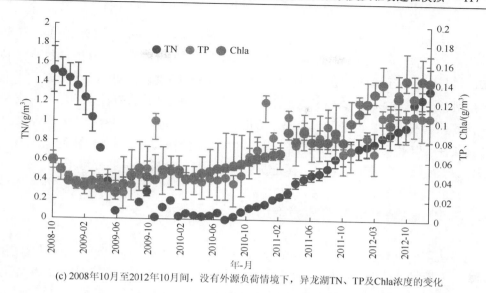

(c) 2008年10月至2012年10月间，没有外源负荷情境下，异龙湖TN、TP及Chla浓度的变化

图 5.8　外源负荷与内源净释放的动态变化

湖 P 沉降的一项研究表明，尽管沉降速率轻微降低，由于水体中 P 浓度的升高，水体中 P 的沉降量仍是增加的（Zhao et al.，2013）。基于模型中所定义的 P 的沉积物净释放 = 沉积物释放−沉降，沉积物释放量减少，耦合沉降量增加，最终造成了 2008 年前 P 的净释放速率的降低。越来越多的 N、P 累积在沉积物中，沉积物和水生植物对营养盐浓度增加的反应会变得更为迟钝，进而它们存储及截留上覆水中 N、P 的能力都会有所削弱。沉积物释放及水体中 N、P 沉降过程都是十分缓慢地来调节营养盐的循环过程。我们有理由相信，2008 年前后沉积物对 N、P 截留能力的显著下降及内源净释放量的显著上升更有可能是由于外界的强烈扰动使得生态系统变得更为脆弱所致（Zou et al.，2014）：人为地引入食草鱼，造成了沉水植被的大面积消亡，沉水植被对营养盐的截留效用减弱，鱼类对于底泥的扰动均可以直接或间接促进沉积物释放量的增加（Søndergaard et al.，2013，2003）。

　　在模型动态模拟过程中，将 2008 年后的外源负荷 W_{TN}、W_{TP} 削减为极端的 0 水平，以此来模拟稳态转换发生后，仅有沉积物内源释放贡献下，湖泊水体中状态变量 TN、TP 及 Chla 的动态表现。模拟结果显示，即使没有外源负荷，TN、TP 和 Chla 浓度经历一段时间的下降后，最终仍会升高。该结果［图 5.8（c）］表明，2008 年 9 月以后，沉积物的净释放就足以提供湖泊水体中的 N、P 来源。在这种情形下，尽管管理者降低了外源负荷，但仍难达到水质改善和水生态恢复的目标。异龙湖的这一分析与 Søndergaard 等（1999）和 Nowlin 等（2005）的研究十分一致：湖泊水体中高营养盐浓度时期沉积在沉积物中的 N、P，在外源负荷被削减后，会被释放至水中。富营养化浅水湖泊的沉积物内源释放过程十分显著，往往会延缓甚至阻碍湖泊水体生态系统的恢复。对异龙湖这类内源释放十分显著的浅水富营养化湖泊而言，仅仅削减流域外源负荷是远远不够的，改善沉积物-水界面的物化条件（如曝氧）是十分必要的。尽管这样简单的情景分析只能够定性地佐证内源释放重要性，但其确实可以为异龙湖水生态恢复的措施制定提供参考。

5.3.4　草-藻-鱼多稳态概念模型结果

方程组采用 lsoda 动态求解方法，求解工具为 Mathmatics10.1.0.0，当方程运行到稳态时，设置沉水植被存在和不存在作为两个对比情景，均选择营养盐浓度 N 作为主控参数，线性增加营养盐浓度得到藻类生物量 A 的稳态曲线（图 5.9）。在沉水植被存在的情况下，藻类生物量的稳态值明显低于无沉水植被时的稳态值，这是因为沉水植被会通过一系列过程遏制水体浊度的升高：沉水植被根系可以稳固沉积物，抑制沉积物再悬浮从而释放 N、P，沉水植被还可以为浮游动物提供遮蔽所，进而促进对藻类的捕食。需要注意的是，沉水植被存在和沉水植被不存在两个稳态之间是可以相互转换的，将营养盐浓度升高至 F_2 处所对应的阈值浓度时，藻类生物量将彻底转变为非沉水植被存在的高稳态；相反，当降低营养盐浓度至 F_1 时，藻类生物量也将彻底恢复为沉水植被存在的低稳态。藻类生物量稳态曲线图可以间接地验证所构建的异龙湖草-藻-鱼多稳态示意模型的准确性。

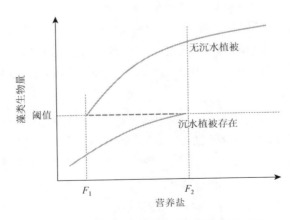

图 5.9　藻类生物量对营养盐浓度的稳态曲线

　　接下来，重点对食草鱼-沉水植被稳态的动态响应关系进行分析。联立式（5.13）和式（5.14）可得一条食草鱼生物量等斜线和一条植被盖度等斜线，两条等斜线相交于两点。通过稳定性判别，发现 1 个为真稳态点，1 个为假稳态点，沉水植被与食草鱼生产力之间的相图如图 5.10 所示：沉水植被与食草鱼的两条等斜线将整个面板分为 5 个区域，2008 年异龙湖放养食草鱼前，沉水植被盖度很高，处于区间 I，此时模拟异龙湖沉水植被盖度开始降低、鱼苗开始成长，鱼类生产力虽有所增加，但基数仍然太低，湖泊水体会朝着高沉水植被盖度、低鱼类生产力的非稳态点 A 发展。由于 A 点为非稳态点，异龙湖并不会永久持续稳定在该点，随着鱼苗的生长、成熟（区间 III），整个系统仍然朝着沉水植被盖度下降的方向发展，最终发展为稳态点 B，因此异龙湖草-鱼系统将维持在此处，即湖泊水体沉水植被大面积消亡。值得注意的是区间 IV，此时食草鱼生产力很高，即为成鱼，食草鱼对沉水植被的摄食作用主要集中在鱼苗生长和成熟过程中，成鱼的年生长率很低，不会对沉水植被造成毁灭性影响，在此区间，随着沉水植被盖度的降低，成鱼生产力也会降低，但其降低速率和幅度远远小于沉水植被盖度，最终也会朝着 B 点发展。图 5.10 的结果显示，对异龙湖而言，食草鱼的放养无疑是灾难性的，无论是放养鱼苗还是成鱼，最终生态系统会朝着沉水植被消亡的稳态发展。但是值得说明的是，倘若异龙湖放养的鱼苗数量很少，鱼苗的生产力初始值很低，这会使系统维持在非稳态点 A。此时，只要异龙湖没有受到强烈外界干扰，也可以维持在相对的非稳态点 A。

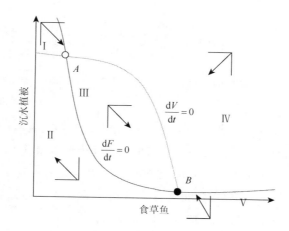

图 5.10　食草鱼与沉水植被的相图

　　模型动态模拟结果显示，湖泊水体中营养盐浓度虽不会影响食草鱼 F 与沉水植被 V 的等斜线的形状、稳态点的数量和稳定性，但是会影响两条等斜线与坐标轴的截距，如图 5.11 所示。低营养盐浓度情景下，A 点沿 X 轴向食草鱼生产力增加的方向移动，B 点沿着 Y 轴朝着沉水植被盖度增加的方向移动，此时，异龙湖在沉水植被盖度高的情景下可以容纳更多的食草鱼鱼苗投入，虽然系统最终仍会朝着沉水植被盖度削减的稳态点 B 发展，但最终沉水植被盖度的稳态值增加，食草鱼的生产力稳态值也增加，即实现了通过降低湖泊水体营养盐水平，换取更大的生态效益和经济效益；反之，当湖泊水体中营养盐浓度很高，A 点所对应的食草鱼稳态生产力值沿着 X 轴向食草鱼生产力减小的方向移动，表明异龙湖在高沉水植被稳态时所能接纳的鱼苗数量降低，更容易发生生态灾变，B 点则落在了 X 轴上，表明当营养盐浓度过高时，系统的最终稳态便是沉水植被消失，此时异龙湖的生态功能丧失。

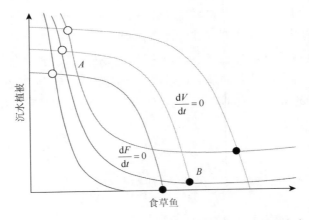

图 5.11　三种不同营养盐水平下的异龙湖生态系统稳态点

　　异龙湖草-藻-鱼多稳态概念模型所揭示的鱼类放养对异龙湖稳定性演变的驱动与之前研究中三维水质水动力模型 EFDC（environmental fluid dynamics code）的模拟结果一致（Zou et al.，2014）：通过对异龙湖有无放养食草鱼鱼苗的不同情境下其湖泊水体中 Chla 浓度的变化的分析得出，2008 年末，若并无放养食草鱼，则 2009 年的 Chla 浓度会比真实情况降低许多（图 5.12）。

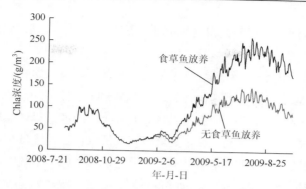

图 5.12　EFDC 模拟下的异龙湖食草鱼放养对湖泊生态系统 Chla 浓度的
影响（Zou et al.，2014）

5.4　小　　结

　　滇池、洱海都属于 P 负荷输入驱动的稳定性演变湖泊，虽然其稳定性演变轨迹均为 Saddle-node 曲线，但其形状却有不同。滇池的多稳态区间较洱海窄，高稳态浓度与低稳态浓度之间的距离更小，意味着滇池对外源负荷的容纳范围很小，面对外源负荷的输入更为敏感；洱海现在位于的多稳态区间更为宽广，其容忍的 P 负荷输入区间也更宽，表明其对 P 负荷的输入并不如滇池那么敏感。比较滇池和洱海的沉积物释 P 速率 r 发现，滇池的 r 明显高于洱海，P 的等斜线更陡，低 P 稳态和高 P 稳态之间的距离更短，外界负荷输入的范围更窄、W_P 对外界负荷的敏感性更低（图 5.13）。这是因为滇池富营养化程度远远高于洱海，沉积物中累积的 P 含量很高，且滇池比洱海浅，更易受外界气象条件或其他因素干扰。富营养化初期湖泊处于可逆的敏感状态，加强治理可回到中富营养状态，继续污染将很快

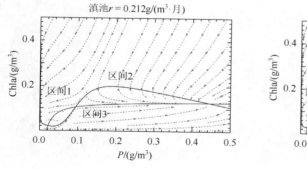
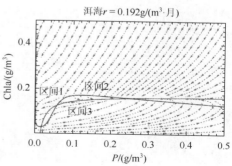

图 5.13　滇池、洱海的沉积物释放速率 r 对系统动态响应的影响对比

进入难治理的富营养化状态。洱海现处于可逆的敏感状态，应当尽快加强其综合恢复措施。

　　反观异龙湖，因其稳定性演变并不是由营养盐逐渐输入累积导致，而是由外源强干扰驱动的。即使无法绘制其稳态曲线，由图 5.11 依然可知，异龙湖的稳定性演变虽然不是由于营养盐的输入直接导致的，但营养盐的水平却对其稳态起着关键的影响作用。营养盐浓度的升高，会使其最终的低沉水植被盖度减小。对于异龙湖案例而言，单纯的负荷增加并不会导致异龙湖在 2008～2009 年发生稳定性跃迁，食草鱼的引入、耦合长期高营养盐浓度共同作用，导致了湖泊水体生态灾变的发生。因此，虽同处于浊水稳态，但异龙湖湖泊生态系统稳定性演变轨迹及驱动机制与滇池、洱海不同：鱼类放养致使水生植物大面积消亡，在高外源性 N、P 负荷和高水体营养水平情况下，引发藻类暴发，而藻类所含的生物态 N、P 转变为 TN 和 TP 的组分，从而进一步使 TN 和 TP 的浓度增加（图 5.14）。单纯的 N、P 外源输入增加固然无法导致类似 2008～2009 年稳定性跃迁，进一步通过草-藻-鱼多稳态模型情景模拟发现，N、P 负荷的增加会引起湖泊营养水平增加，湖泊水体中 N、P 浓度的升高又会降低湖泊水体达到稳态时所能容纳的食草鱼量及水生植被的盖度，最终使得湖泊水体朝着低水生植物、高营养盐浓度的浊水稳态发展。

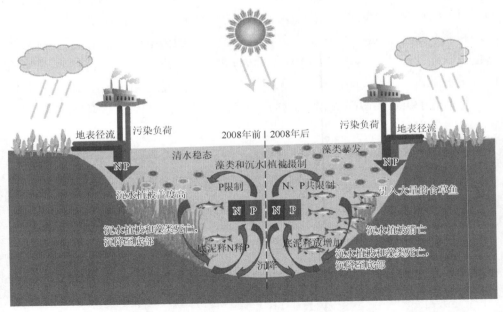

图 5.14　异龙湖生态系统稳定性跃迁前后湖泊水体中重要过程示意（见书后彩图）

第6章 结 论

本书在对湖泊生态系统稳定性相关理论、驱动过程进行综述的基础上，从湖泊生态系统稳定性、稳态转换角度来研究湖泊受损后的生态退化过程，并提出了湖泊稳定性的定量判别及 N、P 驱动机制的研究体系。对滇池、洱海、异龙湖开展实证分析，取得的主要结论如下。

（1）湖泊生态系统稳定性定量判别是研究其稳定性演变及驱动机制的基础。本书构建了以统计方法为基础，辅助于沉积物硅藻测定的生态系统稳定性判别方法。滇池、洱海及异龙湖水质时序数据的统计判别结果显示，异龙湖在 2008～2009 年确实发生了显著的稳定性演变，由清水稳态跃迁为浊水稳态，湖泊水体内部过程发生了复杂的变化。滇池并没有从统计变量特征中发现显著的跃迁现象，表明其已处于稳定的浊水稳态。洱海的统计变量在波动，表明其并不处于某一稳态，而是处在清水-浊水多稳态。洱海和异龙湖的沉积物硅藻种属测定结果，揭示了历史上不同阶段其可能的富营养状态，进而辅助验证稳定性定量判别结果。

（2）采用因果关系检验对湖泊生态系统稳定性驱动因子进行识别是生态系统建模的基础，也是稳定性演变轨迹模拟的出发点。三个湖泊水质数据间的因果关系检验结果表明：滇池、洱海的稳定性演变是营养盐过量输入驱动的，而异龙湖湖泊水体的稳定性跃迁则很可能是营养盐过量输入耦合其他人为干扰共同驱动的，不同驱动类型的湖泊稳定性演变，其驱动机制各异，湖泊水体中 N、P 循环等关键过程也各异，不能用单一或固定方法体系进行研究。

（3）对营养盐输入驱动的稳定性演变，构建基于简单富营养化模型的稳定性演变模拟方法体系，包括：①基于驱动因子识别，构建 P 驱动的富营养化模型；②耦合突变点数值分析及相图分析，绘制其湖泊稳定性演变轨迹，揭示不同负荷水平下系统的动态响应曲线。滇池、洱海结果表明，尽管从湖泊水体表征来看，滇池、洱海均是富营养化湖泊。但是两者之间呈现出不同的动态特征，从稳态曲线来看，滇池的现状负荷为每月 $0.2g/m^3$，处在富营养化稳态，按照目前负荷水平，其 P 的稳态浓度应为每月 $0.3g/m^3$。滇池稳态曲线表明，若想使其恢复至有效的生态恢复区，其恢复点的负荷应当为每月 $0.05g/m^3$。根据滇池的入流流量核算，此时应削减约 80%的基准负荷。洱海的现状月均负荷在 $0.0015～0.003g/m^3$，处于多稳态区间。从生态恢复而言，滇池远离生态恢复点，需要更为严格的负荷削减措施才可能使其恢复到贫营养状态；而洱海目前在多稳态区间，正处于生态恢复有效区间，如果及时采取削减负荷并配合湖泊水体生态修复等其他措施，可能会将洱海拉回贫营养稳态。

　　（4）对于营养盐输入耦合人为干扰驱动的生态系统稳定性演变，构建 N、P 驱动的藻类生长模型，基于 CPA 的动态贝叶斯估值，模拟湖泊水体中 N、P 关键过程的动态变化，并采用多稳态概念模型揭示其可能的驱动因子。将此方法应用至异龙湖发现：长期过量的外源 N、P 负荷输入使异龙湖处于极为脆弱的状态，为湖泊水体 2008 年稳态转换奠定了基础，2008 年前后期沉积物释放 N、P 过程都显著增加，内源释放成为异龙湖湖泊水体内营养一大来源，藻类生长限制模式也由 P 限制转为 N、P 共同限制。据此结果及异龙湖湖泊水体生态调查可推断，是人为强干扰的耦合作用加剧了湖泊内部物质循环的强度和负向反馈机制，从而驱动了其生态稳定性演变。异龙湖草-藻-鱼多稳态理论模型展示了鱼类放养造成的湖泊生态系统稳定性的演变情景，定性揭示了人为临时干扰对湖泊稳定性演变的驱动。

参 考 文 献

董旭辉，羊向东，王荣. 2006. 长江中下游地区湖泊富营养化的硅藻指示性属种[J]. 中国环境科
学，26（5）：570-574.

关友义，王永，姚培毅，等. 2010. 内蒙古克什克腾旗浩来呼热古湖泊全新世以来的环境演变[J].
地质通报，29（6）：891-900.

胡鸿钧，魏印心. 2006. 中国淡水藻类——系统、分类及生态[M]. 北京：科学出版社.

黄成彦，刘师成，程兆第，等. 1998. 中国湖相化石硅藻图集[M]. 北京，海洋出版社，1-164.

金相灿. 2008. 湖泊富营养研究中的主要科学问题——代"湖泊富营养化研究"专栏序言[J].
环境科学学报，28（1）：21-23.

李家英，郑锦平，魏乐军. 2005. 西藏台错古湖沉积物中的硅藻及其古环境[J]. 地质学报，79（3）：
295-302.

李文朝. 1997. 浅水湖泊生态系统的多稳态理论及其应用[J]. 湖泊科学，9（2）：97-104.

刘利霞. 2008. 滇池水体富营养化成因及控制措施探讨[J]. 菏泽学院学报，30（2）：86-89.

刘永，邹锐，郭怀成. 2012. 智能流域管理[M]. 北京：科学出版社.

马健荣，邓建明，秦伯强，等. 2013. 湖泊蓝藻水华发生机理研究进展[J]. 生态学报，33（10）：
3020-3030.

年跃刚，宋英伟，李英杰，等. 2006. 富营养化浅水湖泊稳态转换理论与生态恢复探讨[J]. 环境
科学研究，19（1）：67-70.

秦伯强. 1998. 太湖水环境面临的主要问题、研究动态与初步进展[J]. 湖泊科学，10（4）：1-9.

秦伯强. 2007. 湖泊生态恢复的基本原理与实现[J]. 生态学报，27（11）：4848-4858.

秦伯强，宋玉芝，高光. 2006. 附着生物在浅水富营养化湖泊藻-草型生态系统转化过程中的作
用[J]. 中国科学 C 辑：生命科学，36（3）：283-288.

邱立云. 2009. 富营养化湖泊环境影响因子相关性分析研究[D]. 武汉：华中科技大学.

唐汇娟. 2012. 底泥营养物质释放对围隔水生生态系统的影响[J]. 华南农业大学学报，33（2）：
225-229.

万能，宋立荣，王若南，等. 2008. 滇池藻类生物量时空分布及其影响因子[J]. 水生生物学报，
32（2）：184-188.

肖化云，刘丛强. 2003. 湖泊外源氮输入与内源氮释放辨析[J]. 中国科学 D 辑：地球科学，
33（6）：576-582.

杨霞，胡兴娥，陈磊，等. 2012. 藻类水华暴发影响因子研究综述[C]. 南宁：中国环境科学学会

学术年会，1477-1483.

张运林，秦伯强，杨龙元. 2006.太湖梅梁湾水体悬浮颗粒物和 CDOM 的吸收特性[J]. 生态学报，26（12）：3969-3979.

Andersen T，Carstensen J，Hernandez G E，et al. 2009. Ecological thresholds and regime shifts: approaches to identification[J]. Trends in Ecology & Evolution，24（1）：49-57.

Anton H R，Fornwall M D，Negele B J，et al. 1989. Plant community dynamics in a chain of lakes: principal factors in the decline of rooted with eutrophication[J]. Hydrobiologia，173（3）：199-217.

Arhonditsis G B，Qian S，Stow C A，et al. 2007. Eutrophication risk assessment using Bayesian calibration of process-based models: application to a mesotrophic lake[J]. Ecological Modelling，208（2-4）：215-229.

Austin E R，Lee G F. 1973. Nitrogen release from lake sediments[J]. Journal（Water Pollution Control Federation），45（5）：870-879.

Bachmann R W，Horsburgh C A，Hoyer M V，et al. 2002. Relations between trophic state indicators and plant biomass in Florida lakes[J]. Hydrobiologia，470（1-3）：219-234.

Bachmann R W，Hoyer M V，Canfield D E. 1999. The restoration of Lake Apopka in relation to alternative stable states[J]. Hydrobiologia，394：219-232.

Badiou P H，Goldsborough L G. 2015. Ecological impacts of an exotic benthivorous fish, the common carp（Cyprinus carpio L.），on water quality, sedimentation, and submerged macrophyte biomass in wetland mesocosms[J]. Hydrobiologia，755（1）：107-121.

Balayla D J，Lauridsen T L，Søndergaard M，et al. 2010. Larger zooplankton in Danish lakes after cold winters: are winter fish kills of importance? [J]. Hydrobiologia，646（1）：159-172.

Barko J W，James W F. 1998. The structuring role of submerged macrophytes in lakes[M]. New York: Springer.

Baron R M，Kenny D A. 1986. The moderator-mediator variable distinction in social psychological research: conceptual, strategic, and statistical considerations[J]. Journal of Personality and Social Psychology，51（6）：1173.

Bayley S E，Creed I F，Sass G Z，et al. 2007. Frequent regime shifts in trophic states in shallow lakes on the Boreal Plain: alternative "unstable" states?[J]. Limnology and Oceanography，52（5）：2002-2012.

Beaugrand G. 2004. The North Sea regime shift: evidence, causes, mechanisms and consequences[J]. Progress in Oceanography，60（2-4）：245-262.

Berner R A. 1980. Early diagenesis: a theoretical approach[M]. New Jersey: Princeton University Press.

Bestelmeyer B T，Ellison A M，Fraser W R，et al. 2011. Analysis of abrupt transitions in ecological systems[J]. Thermochimica Acta，403（1）：137-151.

Biggs R, Blenckner T, Folke C, et al. 2011. Encyclopedia of theoretical ecology[M]. Berkeley: University of California Press.

Bilotta G S, Brazier R E. 2008. Understanding the influence of suspended solids on water quality and aquatic biota[J]. Water Research, 42 (12): 2849-2861.

Boesch D F, Brinsfield R B, Magnien R E. 2001. Chesapeake bay eutrophication[J]. Journal of Environmental Quality, 30 (2): 303-320.

Boll T, Johansson L S, Lauridsen T L, et al. 2012. Changes in benthic macroinvertebrate abundance and lake isotope (C, N) signals following biomanipulation: an 18-year study in shallow Lake Vaeng, Denmark[J]. Hydrobiologia, 686 (1): 135-145.

Bradbury J P. 1988. Fossil diatoms and Neogene paleolimnology[J]. Palaeogeography, Palaeoclimatology, Palaeoecology, 62 (1-4): 299-316.

Brock W A. 2006. Tipping points, abrupt opinion changes, and punctuated policy change[J]. Punctuated Equilibrium and the Dynamics of US Environmental Policy, 47-77.

Brothers S M, Hilt S, Attermeyer K, et al. 2013. A regime shift from macrophyte to phytoplankton dominance enhances carbon burial in a shallow, eutrophic lake[J]. Ecosphere, 4 (11): 1-17.

Brown C D, Hoyer M V, Bachmann R W, et al. 2000. Nutrient-chlorophyll relationships: an evaluation of empirical nutrient-chlorophyll models using Florida and north-temperate lake data[J]. Canadian Journal of Fisheries and Aquatic Sciences, 57 (8): 1574-1583.

Camarero L, Catalan J. 2012. Atmospheric phosphorus deposition may cause lakes to revert from phosphorus limitation back to nitrogen limitation[J]. Nature Communications, 3 (4): 1118.

CaponeD G, Bronk D A, Mulholland M R, et al. 1983. Nitrogen in the marine environment[M]. New York: Academic Press.

Carpenter S R. 2005. Eutrophication of aquatic ecosystems: bistability and soil phosphorus[J]. Proceedings of the National Academy of Sciences, 102 (29): 10002-10005.

Carpenter S R. 2008. Phosphorus control is critical to mitigating eutrophication[J]. Proceedings of the National Academy of Sciences, 105 (32): 11039-11040.

Carpenter S R, Brock W A, Cole J J, et al. 2009. Leading indicators of phytoplankton transitions caused by resource competition[J]. Theoretical Ecology, 2 (3): 139-148.

Carpenter S R, Brock W A, Cole J J, et al. 2013. A new approach for rapid detection of nearby thresholds in ecosystem time series[J]. Oikos, 123 (3): 290-297.

Carpenter S R, Brock W A, Folke C, et al. 2015. Allowing variance may enlarge the safe operating space for exploited ecosystems[J]. Proceedings of the National Academy of Sciences, 112 (46): 14384-14389.

Carpenter S R, Brock W A. 2006. Rising variance: a leading indicator of ecological transition[J]. Ecology letters, 9 (3): 311-318.

Carpenter S R，Brock W A. 2011. Early warnings of unknown nonlinear shifts: a nonparametric approach[J]. Ecology，92（12）：2196-2201.

Carpenter S R，Cole J J，Pace M L，et al. 2011. Early warnings of regime shifts: a whole-ecosystem experiment[J]. Science，332（6033）：1079-1082.

Carpenter S R，Kitchell J F，Hodgson J R. 1985. Cascading trophic interactions and lake productivity[J]. Bioscience，35（10）：634-639.

Carpenter S R，Lathrop R C. 2008. Probabilistic estimate of a threshold for eutrophication[J]. Ecosystems，11（4）：601-613.

Carpenter S R，Ludwig D，Brock W A. 1999. Management of eutrophication for lakes subject to potentially irreversible change[J]. Ecological Applications，9（3）：751-771.

Carpenter S，Walker B，Anderies J M，et al. 2001. From metaphor to measurement: resilience of what to what?[J]. Ecosystems，4（8）：765-781.

Carrick H J，Aldridge F J，Schelske C L. 1993. Wind influences phytoplankton biomass and composition in a shallow, productive lake[J]. Limnology and Oceanography，38（6）：1179-1192.

Carstensen J，Sánchez-Camacho M，Duarte C M，et al. 2011. Connecting the dots: responses of coastal ecosystems to changing nutrient concentrations[J]. Environmental Science & Technology，45（21）：9122-9132.

Clark A T，Ye H，Isbell F，et al. 2015. Spatial convergent cross mapping to detect causal relationships from short time series[J]. Ecology，96（5）：1174-1181.

Cleveland C C，Liptzin D. 2007. C：N：P stoichiometry in soil：is there a "Redfield ratio" for the microbial biomass? [J]. Biogeochemistry，85（3）：235-252.

Cloern J E，Jassby A D，Thompson J K，et al. 2007. A cold phase of the East Pacific triggers new phytoplankton blooms in San Francisco Bay[J]. Proceedings of the National Academy of Sciences，104（47）：18561-18565.

Collie J S，Richardson K，Steele J H. 2004. Regime shifts: can ecological theory illuminate the mechanisms? [J]. Progress in Oceanography，60（2-4）：281-302.

Conley D J，Paerl H W，Howarth R W，et al. 2009. Controlling eutrophication: nitrogen and phosphorus[J]. Science，2009，323（5917）：1014-1015.

Contamin R，Ellison A M. 2009. Indicators of regime shifts in ecological systems: what do we need to know and when do we need to know it[J]. Ecological Applications，19（3）：799-816.

Cranford P J，Strain P M，Dowd M，et al. 2007. Influence of mussel aquaculture on nitrogen dynamics in a nutrient enriched coastal embayment[J]. Marine Ecology Progress Series，347：61-78.

Crépin A S，Biggs R，Polasky S，et al. 2012. Regime shifts and management[J]. Ecological Economics，84：15-22.

Crivelli A J. 1983. The destruction of aquatic vegetation by carp[J]. Hydrobiologia，106（1）：37-41.

Dai L, Vorselen D, Korolev K S, et al. 2012. Generic indicators for loss of resilience before a tipping point leading to population collapse[J]. Science, 336 (6085): 1175-1177.

Dakos V, Carpenter S R, van Nes E H, et al. 2015. Resilience indicators: prospects and limitations for early warnings of regime shifts[J]. Philosophical Transactions of the Royal Society of London B: Biological Sciences, 370 (1659): 1-10.

Dessouki T C E, Hudson J J, Neal B R, et al. 2005. The effects of phosphorus additions on the sedimentation of contaminants in a uranium mine pit-lake[J]. Water Research, 39 (13): 3055-3061.

Detto M, Molini A, Katul G, et al. 2012. Causality and persistence in ecological systems: a nonparametric spectral Granger causality approach[J]. The American Naturalist, 179 (4): 524-535.

Drake J M, Griffen B D. 2010. Early warning signals of extinction in deteriorating environments[J]. Nature, 467 (7314): 456.

Duarte C M. 1995. Submerged aquatic vegetation in relation to different nutrient regimes[J]. Ophelia, 41 (1): 87-112.

Elmqvist T, Folke C, Nyström M, et al. 2003. Response diversity, ecosystem change, and resilience[J]. Frontiers in Ecology and the Environment, 1 (9): 488-494.

Elser J J, Bracken M E S, Cleland E E, et al. 2007. Global analysis of nitrogen and phosphorus limitation of primary producers in freshwater, marine and terrestrial ecosystems[J]. Ecology Letters, 10 (12): 1135-1142.

Elser J J, Marzolf E R, Goldman C R. 1990. Phosphorus and nitrogen limitation of phytoplankton growth in the freshwaters of North America: a review and critique of experimental enrichments[J]. Canadian Journal of fisheries and aquatic sciences, 47 (7): 1468-1477.

Engle R F. 1982. Autoregressive conditional heteroscedasticity with estimates of the variance of United Kingdom inflation[J]. Econometrica: Journal of the Econometric Society, 50 (4): 987-1007.

Engle R F, Granger C. 1987. Co-integration and error correction: representation, estimation, and testing[J]. Econometrica, 55(2), 251-276.

Ferber L R, Levine S N, Lini A, et al. 2004. Do cyanobacteria dominate in eutrophic lakes because they fix atmospheric nitrogen? [J]. Freshwater Biology, 49 (6): 690-708.

Filatova T, Polhill J G, van Ewijk S. 2016. Regime shifts in coupled socio-environmental systems: review of modelling challenges and approaches[J]. Environmental Modelling & Software, 75: 333-347.

Finlay J C, Small G E, Sterner R W. 2013. Human influences on nitrogen removal in lakes[J]. Science, 342 (6155): 247-250.

Fisher M M, Reddy K R, James R T. 2005. Internal nutrient loads from sediments in a shallow, subtropical lake[J]. Lake and Reservoir Management, 21 (3): 338-349.

Foley J A, Coe M T, Scheffer M, et al. 2003. Regime shifts in the Sahara and Sahel: interactions between ecological and climatic systems in Northern Africa[J]. Ecosystems, 6（6）: 524-532.

Folke C, Carpenter S, Elmqvist T, et al. 2002. Resilience and sustainable development: building adaptive capacity in a world of transformations[J]. AMBIO: A Journal of the Human Environment, 31（5）: 437-440.

Folke C, Carpenter S, Walker B, et al. 2004. Regime shifts, resilience, and biodiversity in ecosystem management[J]. Annual Review of Ecology, Evolution, and Systematics, 35（1）: 557-581.

Folke C, Carpenter S R, Walker B, et al. 2010. Resilience thinking: integrating resilience, adaptability and transformability[J]. Ecology and Society, 15（4）: 299-305.

Fulton R S, Godwin W F, Schaus M H. 2015. Water quality changes following nutrient loading reduction and biomanipulation in a large shallow subtropical lake, Lake Griffin, Florida, USA[J]. Hydrobiologia, 753（1）: 243-263.

Gal G, Anderson W. 2010. A novel approach to detecting a regime shift in a lake ecosystem[J]. Methods in Ecology and Evolution, 1（1）: 45-52.

Gelmana A, Hill J L. 2007. Data analysis using regression and multilevel/hierarchical models[M]. New York: Cambridge University Press.

Genkai-Kato M, Carpenter S R. 2005. Eutrophication due to phosphorus recycling in relation to lake morphometry, temperature, and macrophytes[J]. Ecology, 86（1）: 210-219.

Genkai-Kato M. 2007. Regime shifts: catastrophic responses of ecosystems to human impacts[J]. Ecological Research, 22（2）: 214-219.

Gonsiorczyk T, Casper P, Koschel R. 1997. Variations of phosphorus release from sediments in stratified lakes[J]. Water, Air, and Soil Pollution, 99（1-4）: 427-434.

Graeme S C, Garry D P. 2017. Unifying research on social-ecological resilience and collapse[J]. Trends in Ecology & Evolution, 32（9）: 695-713.

Granéli W. 1999. Internal phosphorus loading in Lake Ringsjön[J]. Hydrobiologia, 404: 19-26.

Granger C W J. 1969. Investigating causal relations by econometric models and cross-spectral methods[J]. Econometrica: Journal of the Econometric Society, 37（3）: 424-438.

Granger C W J. 1980. Testing for causality: a personal viewpoint[J]. Journal of Economic Dynamics and control, 2: 329-352.

Granger C W J. 1988. Some recent development in a concept of causality[J]. Journal of Econometrics, 39（1-2）: 199-211.

Grimm E C. 1987. CONISS: a Fortran 77 program for stratigraphically constrained cluster analysis by the method of incremental sum of squares[J]. Computers & Geosciences, 13（1）: 13-35.

Gudimov A, O'Connor E, Dittrich M, et al. 2012. Continuous Bayesian network for studying the causal links between phosphorus loading and plankton patterns in Lake Simcoe, Ontario, Canada[J]. Environmental Science & Technology, 46（13）: 7283-7292.

Gunderson L H. 2000. Ecological resilience—in theory and application[J]. Annual Review of Ecology and Systematics, 31（1）：425-439.

Guttal V, Jayaprakash C. 2008. Changing skewness: an early warning signal of regime shifts in ecosystems[J]. Ecology Letters, 11（5）：450-460.

Håkanson L, Bryhn A C, Eklund J M. 2007. Modelling phosphorus and suspended particulate matter in Ringkøbing Fjord in order to understand regime shifts[J]. Journal of Marine Systems, 68（1-2）：65-90.

Håkansson H. 1984. The recent diatom succession of Lake Havgårdssjön, south Sweden[C]// Mann D G. Proceeding of the Seventh International Diatom Symposium. Koenigstein: Otto Koeltz Science Publishers.

Harris L A, Hodgkins C L S, Day M C, et al. 2015. Optimizing recovery of eutrophic estuaries: impact of destratification and re-aeration on nutrient and dissolved oxygen dynamics[J]. Ecological Engineering, 75：470-483.

Hastings A, Wysham D B. 2010. Regime shifts in ecological systems can occur with no warning[J]. Ecology Letters, 13（4）：464-472.

Hautier Y, Niklaus P A, Hector A. 2009. Competition for light causes plant biodiversity loss after eutrophication[J]. Science, 324（5927）：636-638.

Hecky R E, Kilham P. 1988. Nutrient limitation of phytoplankton in freshwater and marine environments: a review of recent evidence on the effects of enrichment 1[J]. Limnology and Oceanography, 33（4part2）：796-822.

Heiskanen A S, Tamminen T, Gundersen K. 1996. Impact of planktonic food web structure on nutrient retention and loss from a late summer pelagic system in the coastal northern Baltic Sea[J]. Marine Ecology Progress Series, 145：195-208.

Held H, Kleinen T. 2004. Detection of climate system bifurcations by degenerate fingerprinting[J]. Geophysical Research Letters, 31（23）：1-4.

Hiemstr A C, Jones J D. 1994. Testing for linear and nonlinear Granger causality in the stock price-volume relation[J]. The Journal of Finance, 49（5）：1639-1664.

Holling C S. 1959. A model of the functional response of predator to prey density involving the hunger effect[J]. The Canadian Entomologist, 91：385-398.

Holling C S. 1973. Resilience and stability of ecological systems[J]. Annual Review of Ecology and Systematics, 4（1）：1-23.

Howarth R W, Marino R. 2006. Nitrogen as the limiting nutrient for eutrophication in coastal marine ecosystems: evolving views over three decades[J]. Limnology and Oceanography, 51：364-376.

Hu F S, Finney B P, Brubaker L B. 2001. Effects of Holocene Alnus expansion on aquatic productivity, nitrogen cycling, and soil development in southwestern Alaska[J]. Ecosystems,

4 (4): 358-368.

Ibelings B W, Portielje R, Lammens E H, et al. 2007. Resilience of alternative stable states during the recovery of shallow lakes from eutrophication: lake Veluwe as a case study[J]. Ecosystems, 10 (1): 4-16.

Imboden D M. 1974. Phosphorus model of lake eutrophication[J]. Limnology and Oceanography, 19 (2): 297-304.

Interlandi S J, Kilham S S, Theriot E C. 1999. Responses of phytoplankton to varied resource availability in large lakes of the Greater Yellowstone Ecosystem[J]. Limnology and Oceanography, 44 (3): 668-682.

Ives A R, Carpenter S R. 2007. Stability and diversity of ecosystems[J]. Science, 317 (5834): 58-62.

James N A, Matteson D S. 2013. Ecp: An R package for nonparametric multiple change point analysis of multivariate data[J]. Journal of Statistical Software, 62 (7): 1-25.

Janse J H. 2005. Model Studies on the eutrophication of shallow lakes and ditches[D]. Wageningen: Wageningen University.

Jeppesen E, Kristensen P, Jensen J P, et al. 1991. Recovery resilience following a reduction in external phosphorus loading of shallow, eutrophic Danish lakes: duration, regulating factors and methods for overcoming resilience[J]. Mem Ⅰ Ital Idrobiol, 48 (1) : 127-148.

Jeppesen E, Lauridsen T L, Kairesalo T, et al. 1998. Impact of submerged macrophytes on fish-zooplankton interactions in lakes[M]//The structuring role of submerged macrophytes in lakes. New York: Springer.

Jeppesen E, Sondergaard M, Jensen J P, et al. 2005. Lake responses to reduced nutrient loading— an analysis of contemporary long-term data from 35 case studies[J]. Freshwater Biology, 50 (10): 1747-1771.

Jiang P, Zhou Y, Chen C. 2015. Bioturbation of two chironomids on benthic environment and inner loading release in Meiliang Bay, Lake Taihu[J]. Environmental Science & Technology, 38 (10): 16-20.

Jones J I, Sayer C D. 2003. Does the fish-invertebrate-periphyton cascade precipitate plant loss in shallow lakes?[J]. Ecology, 84 (8): 2155-2167.

Jørgensen S E. 2008. Overview of the model types available for development of ecological models[J]. Ecological Modelling, 215 (1-3): 3-9.

Juggins S. 2007. C2: Software for ecological and palaeoecological data analysis and visualisation (user guide version 1.5) [Z]. Newcastle upon Tyne: Newcastle University, 77.

Kagami M, Hirose Y, Ogura H. 2013. Phosphorus and nitrogen limitation of phytoplankton growth in eutrophic Lake Inba, Japan[J]. Limnology, 14 (1): 51-58.

Kemp W M, Boynton W R, Adolf J E, et al. 2005. Eutrophication of Chesapeake Bay: historical trends and ecological interactions[J]. Marine Ecology Progress Series, 303: 1-29.

Kim J, Park J. 2013. A statistical model for computing causal relationships to assess changes in a marine environment[J]. Journal of Coastal Research, 65 (sp1): 980-985.

Kinzig A P, Ryan P, Etienne M, et al. 2006. Resilience and regime shifts: assessing cascading effects[J]. Ecology and Society, 11 (1): 20.

Kleinen T, Held H, Petschel-Held G. 2003. The potential role of spectral properties in detecting thresholds in the Earth system: application to the thermohaline circulation[J]. Ocean Dynamics, 53 (2): 53-63.

Kosten S. 2010. Aquatic ecosystems in hot water: effects of climate on the functioning of shallow lakes[D]. Wageningen: Wageningen University.

Krivtsov V, Sigee D, Bellinger E. 2001. A one-year study of the Rostherne Mere ecosystem: seasonal dynamics of water chemistry, plankton, internal nutrient release, and implications for long-term trophic status and overall functioning of the lake[J]. Hydrological Processes, 15 (8): 1489-1506.

Kuznetsov Y A. 2013. Elements of applied bifurcation theory[M]. New York: Springer Science & Business Media.

Lammens E H, van Nes E H, Meijer M L, et al. 2004. Effects of commercial fishery on the bream population and the expansion of Chara aspera in Lake Veluwe[J]. Ecological modelling, 177 (3-4): 233-244.

Law T, Zhang W, Zhao J, et al. 2009. Structural changes in lake functioning induced from nutrient loading and climate variability[J]. Ecological Modelling, 220 (7): 979-997.

Levi P S, Riis T, Alnøe A B, et al. 2015. Macrophyte complexity controls nutrient uptake in lowland streams[J]. Ecosystems, 18 (5) : 914-931.

Lewis G N, Auer M T, Xiang X, et al. 2007. Modeling phosphorus flux in the sediments of Onondaga Lake: insights on the timing of lake response and recovery[J]. Ecological Modelling, 209 (2-4): 121-135.

Li Y, Liu Y, Zhao L, et al. 2015. Exploring change of internal nutrients cycling in a shallow lake: a dynamic nutrient driven phytoplankton model[J]. Ecological modelling, 313: 137-148.

Liu Y, Arhonditsis G B, Stow C A, et al. 2011. Predicting the hypoxic-volume in chesapeake bay with the streeter-phelps model: a bayesian approach 1[J]. JAWRA Journal of the American Water Resources Association, 47 (6): 1348-1363.

Liu Y, Scavia D. 2010. Analysis of the Chesapeake Bay hypoxia regime shift: insights from two simple mechanistic models[J]. Estuaries and Coasts, 33 (3): 629-639.

Liu Y, Yang P, Hu C, et al. 2008. Water quality modeling for load reduction under uncertainty: a Bayesian approach[J]. Water Research, 42 (13): 3305-3314.

Mao J, Chen Q, Chen Y. 2008. Three-dimensional eutrophication model and application to Taihu

Lake，China[J]. Journal of Environmental Sciences，20（3）：278-284.

Matteson D S，James N A. 2014. A nonparametric approach for multiple change point analysis of multivariate data[J]. Journal of the American Statistical Association，109（505）：334-345.

May R M. 1977. Thresholds and breakpoints in ecosystems with a multiplicity of stable states[J]. Nature，269（5628）：471.

Mcquatters-Gollop A，Gilbert A J，Mee L D，et al. 2009. How well do ecosystem indicators communicate the effects of anthropogenic eutrophication?[J]. Estuarine，Coastal and Shelf Science，82（4）：583-596.

Moss B，Jeppesen E，Søndergaard M，et al. 2013. Nitrogen，macrophytes，shallow lakes and nutrient limitation：resolution of a current controversy?[J]. Hydrobiologia，710（1）：3-21.

Müller S，Mitrovic S M. 2015. Phytoplankton co-limitation by nitrogen and phosphorus in a shallow reservoir：progressing from the phosphorus limitation paradigm[J]. Hydrobiologia，744（1）：255-269.

Nakajima H，Deangelis D L. 1989. Resilience and local stability in a nutrient-limited resource-consumer system[J]. Bulletin of Mathematical Biology，51（4）：501-510.

Narayan P K，Smyth R. 2005. Electricity consumption，employment and real income in Australia evidence from multivariate Granger causality tests[J]. Energy Policy，33（9）：1109-1116.

Narisma G T，Foley J A，Licker R，et al. 2007. Abrupt changes in rainfall during the twentieth century[J]. Geophysical Research Letters，34（6）：L06710.

National Research Council. 2002. Abrupt climate change：inevitable surprises[M]. Washington D.C.：National Academy Press.

Nowlin W H，Evarts J L，Vanni M J. 2005. Release rates and potential fates of nitrogen and phosphorus from sediments in a eutrophic reservoir[J]. Freshwater Biology，50（2）：301-322.

Nyström M，Norström A V，Blenckner T，et al. 2012. Confronting feedbacks of degraded marine ecosystems[J]. Ecosystems，15（5）：695-710.

Oliver S K，Collins S M，Soranno P A，et al. 2017. Unexpected stasis in a changing world：lake nutrient and chlorophyll trends since 1990[J]. Global change biology，23（12）：5455-5467.

Paruolo P，Murphy B，Janssens-Maenhout G. 2015. Do emissions and income have a common trend? A country-specific，time-series，global analysis，1970-2008[J]. Stochastic environmental research and risk assessment，29（1）：93-107.

Patrick R，Reimer C. 1966. The diatoms of the United States，exclusive of Alaska and Hawaii[J]. Academy of Natural Sciences of Philadelphia，1（13）：1-688.

Pawlowski C W，Cabezas H. 2008. Identification of regime shifts in time series using neighborhood statistics[J]. Ecological complexity，5（1）：30-36.

Pearson K. 1901. Principal components analysis[J]. The London，Edinburgh，and Dublin Philosophical

Magazine and Journal of Science, 6 (2): 559.

Perrow M R, Moss B, Stansfield J, 1994. Trophic interactions in a shallow lake following a reduction in nutrient loading: a long-term study[J]. Hydrobiologia, 275 (1): 43-52.

Pilotto F, Free G, Cardoso A C, et al. 2012. Spatial variance of profundal and sublittoral invertebrate benthic communities in response to eutrophication and morphological pressures[J]. Fundamental and Applied Limnology/Archiv für Hydrobiologie, 180 (2): 101-110.

Qian S S. 2014. Statistics in ecology is for making a "principled" argument[J]. Landscape Ecology, 29 (6): 937-939.

Qian S S, Stow C A, Borsuk M E. 2003. On monte carlo methods for Bayesian inference[J]. Ecological Modelling, 159 (2-3): 269-277.

Ratajczak Z, D'odorico P, Collins S L, et al. 2017. The interactive effects of press/pulse intensity and duration on regime shifts at multiple scales[J]. Ecological Monographs, 87 (2): 198-218.

Reinert T R, Peterson J T. 2008. Modeling the effects of potential salinity shifts on the recovery of striped bass in the Savannah River estuary, Georgia-South Carolina, United States[J]. Environmental Management, 41 (5): 753.

Repetto R C. 2006. Punctuated equilibrium and the dynamics of U.S. environmental policy[M]. New Haven: Yale University Press.

Rossi G, Premazzi G. 1991. Delay in lake recovery caused by internal loading[J]. Water Research, 25 (5): 567-575.

Roy E D, Nguyen N T, Bargu S, et al. 2012. Internal loading of phosphorus from sediments of Lake Pontchartrain (Louisiana, USA) with implications for eutrophication[J]. Hydrobiologia, 684 (1): 69-82.

Sagrario M A G, Jeppesen E, GOMÀ J, et al. 2005. Does high nitrogen loading prevent clear-water conditions in shallow lakes at moderately high phosphorus concentrations?[J]. Freshwater Biology, 50 (1): 27-41.

Saros J E, Michel T J, Interlandi S J, et al. 2005. Resource requirements of Asterionella formosa and Fragilaria crotonensis in oligotrophic alpine lakes: implications for recent phytoplankton community reorganizations[J]. Journal Canadien Des Sciences Halieutiques Et Aquatiques, 62 (7): 1681-1689.

Scavia D, Liu Y. 2009. Exploring estuarine nutrient susceptibility[J]. Environmental Science & Technology, 43 (10): 3474-3479.

Scheffer M, 2004. Ecology of shallow lakes[M]. New York: Springer Science & Business Media.

Scheffer M, Bascompte J, Brock W A, et al. 2009. Early-warning signals for critical transitions[J]. Nature, 461 (7260): 53.

Scheffer M, Carpenter S R. 2003. Catastrophic regime shifts in ecosystems: linking theory to observation[J]. Trends in Ecology & Evolution, 18 (12): 648-656.

Scheffer M, Carpenter S, Foley J A, et al. 2001. Catastrophic shifts in ecosystems[J]. Nature, 413 (6856): 591.

Scheffer M, Hirota M, Holmgren M, et al. 2012. Thresholds for boreal biome transitions[J]. Proceedings of the National Academy of Sciences, 109 (52): 21384-21389.

Scheffer M, Hosper S H, Meijer M L, et al. 1993. Alternative equilibria in shallow lakes[J]. Trends in Ecology & Evolution, 8 (8): 275-279.

Scheffer M, Jeppesen E. 2007. Regime shifts in shallow lakes[J]. Ecosystems, 10 (1): 1-3.

Scheffer M, Rinaldi S, Gragnani A, et al. 1997. On the dominance of filamentous cyanobacteria in shallow, turbid lakes[J]. Ecology, 78 (1): 272-282.

Scheffer M, van Nes E H, 2007. Shallow lakes theory revisited: various alternative regimes driven by climate, nutrients, depth and lake size. Shallow lakes in a changing world[M]. Dordrecht: Springer.

Schindler D W. 1977. Evolution of phosphorus limitation in lakes[J]. Science, 195 (4275): 260-262.

Schindler D W. 2006. Recent advances in the understanding and management of eutrophication[J]. Limnology and Oceanography, 51 (1part2): 356-363.

Schindler D W, Hecky R E. 2009. Eutrophication: more nitrogen data needed[J]. Science, 324 (5928): 721-722.

Schindler D W, Hecky R E, Findlay D L, et al. 2008. Eutrophication of lakes cannot be controlled by reducing nitrogen input: results of a 37-year whole-ecosystem experiment[J]. Proceedings of the National Academy of Sciences, 105 (32): 11254-11258.

Schröder A, Persson L, de Roos A M. 2005. Direct experimental evidence for alternative stable states: a review[J]. Oikos, 110 (1): 3-19.

Seekell D A, Carpenter S R, Pace M L. 2011. Conditional heteroscedasticity as a leading indicator of ecological regime shifts[J]. The American Naturalist, 178 (4): 442-451.

Seekell D A, Cline T J, Carpenter S R, et al. 2013. Evidence of alternate attractors from a whole-ecosystem regime shift experiment[J]. Theoretical Ecology, 6 (3): 385-394.

Shipley B. 2000. Cause and correlation in biology[M]. Cambridge: Cambridge University Press.

Slomp C P, Malschaert J F P, van Raaphorst W. 1998. The role of adsorption in sediment-water exchange of phosphate in North Sea continental margin sediments[J]. Limnology and Oceanography, 43 (5): 832-846.

Small G E, Cotner J B, Finlay J C, et al. 2014. Nitrogen transformations at the sediment—water interface across redox gradients in the Laurentian Great Lakes[J]. Hydrobiologia, 731 (1): 95-108.

Smith V H. 1983. Low nitrogen to phosphorus ratios favor dominance by blue-green algae in lake phytoplankton[J]. Science, 221 (4611): 669-671.

Smith V H. 1986. Light and nutrient effects on the relative biomass of blue-green algae in lake phytoplankton[J]. Canadian Journal of Fisheries and Aquatic Sciences，43（1）：148-153.

Smith V H，Schindler D W. 2009. Eutrophication science：where do we go from here? [J]. Trends in Ecology & Evolution，24（4）：201-207.

Solheim A L，Rekolainen S，Moe S J，et al. 2008. Ecological threshold responses in European lakes and their applicability for the Water Framework Directive（WFD）implementation：synthesis of lakes results from the REBECCA project[J]. Aquatic Ecology，42（2）：317-334.

Solim S U，Wanganeo A. 2009. Factors influencing release of phosphorus from sediments in a high productive polymictic lake system[J]. Water Science and Technology，60（4）：1013-1023.

Søndergaard M，Bjerring R，Jeppesen E. 2013. Persistent internal phosphorus loading during summer in shallow eutrophic lakes[J]. Hydrobiologia，710（1）：95-107.

Søndergaard M，Jensen J P，Jeppesen E. 1999. Internal phosphorus loading in shallow Danish lakes[J]. Hydrobiologia，408-409：145-152.

Søndergaard M，Jensen J P，Jeppesen E. 2003. Role of sediment and internal loading of phosphorus in shallow lakes[J]. Hydrobiologia，506（1-3）：135-145.

Søndergaard M，Jeppesen E，Mortensen E，et al. 1990. Phytoplankton biomass reduction after planktivorous fish reduction in a shallow，eutrophic lake：a combined effect of reduced internal P-loading and increased zooplankton grazing[J]. Hydrobiologia，200（1）：229-240.

Spiegelhalter D J，Best N G. 2003. Bayesian approaches to multiple sources of evidence and uncertainty in complex cost-effectiveness modelling[J]. Statistics in Medicine，22（23）：3687-3709.

Steele J H. 1996. Regime shifts in fisheries management[J]. Fisheries Research，25（1）：19-23.

Stow C A，Cha Y K. 2013. Are chlorophyll a total phosphorus correlations useful for inference and prediction?[J]. Environmental Science & Technology，47（8）：3768-3773.

Suddick E C，Whitney P，Townsend A R，et al. 2013. The role of nitrogen in climate change and the impacts of nitrogen-climate interactions in the United States：foreword to thematic issue[J]. Biogeochemistry，114（1-3）：1-10.

Suding K N，Gross K L，Houseman G R. 2004. Alternative states and positive feedbacks in restoration ecology[J]. Trends in Ecology & Evolution，19（1）：46-53.

Sugihara G，R May，H Ye，et al. 2012. Detecting Causality in Complex Ecosystems[J]. Science，338（6106）：496-500.

Surridge B W J，Heathwaite A L，Baird A J. 2007. The release of phosphorus to porewater and surface water from river riparian sediments[J]. Journal of Environmental Quality，36（5）：1534-1544.

Taylor K C，Lamorey G W，Doyle G A，et al. 1993. The 'flickering switch' of late Pleistocene climate change[J]. Nature，361（6411）：432.

Valtonen E T, Holmes J C, Koskivaara M. 1997. Eutrophication, pollution and fragmentation: effects on parasite communities in roach (Rutilus rutilus) and perch (Perca fluviatilis) in four lakes in central Finland[J]. Canadian Journal of Fisheries and Aquatic Sciences, 54 (3): 572-585.

van Nes E H, Rip W J, Scheffer M. 2007. A theory for cyclic shifts between alternative states in shallow lakes[J]. Ecosystems, 10 (1): 17-28.

van Nes E H, Scheffer M. 2003. Alternative attractors may boost uncertainty and sensitivity in ecological models[J]. Ecological Modelling, 159 (2-3): 117-124.

van Nes E H, Scheffer M. 2005. Implications of spatial heterogeneity for catastrophic regime shifts in ecosystems[J]. Ecology, 86 (7): 1797-1807.

van Nes E H, Scheffer M. 2007. Slow recovery from perturbations as a generic indicator of a nearby catastrophic shift[J]. The American Naturalist, 169 (6): 738-747.

van Nes E H, Scheffer M, van Den Berg M S, et al. 2002. Dominance of charophytes in eutrophic shallow lakes—when should we expect it to be an alternative stable state?[J]. Aquatic Botany, 72 (3-4): 275-296.

Vaquer-Sunyer R, Duarte C M. 2008. Thresholds of hypoxia for marine biodiversity[J]. Proceedings of the National Academy of Sciences, 105 (40): 15452-15457.

Virbickaite A, Ausín M C, Galeano P. 2015. Bayesian inference methods for univariate and multivariate GARCH models: a survey[J]. Journal of Economic Surveys, 29 (1): 76-96.

Walker B H, Carpenter S R, Rockstrom J, et al. 2012. Drivers, "slow" variables, "fast" variables, shocks, and resilience[J]. Ecology and Society, 17 (3): 30.

Wang J, Pang Y, Li Y, et al. 2015. Experimental study of wind-induced sediment suspension and nutrient release in Meiliang Bay of Lake Taihu, China[J]. Environmental Science and Pollution Research, 22 (14): 10471-10479.

Wang R, Dearing J A, Langdon P G, et al. 2012. Flickering gives early warning signals of a critical transition to a eutrophic lake state[J]. Nature, 492 (7429): 419.

Wealands S R, Webb J A, Stewardson M J. 2009. Evidence-based model structure: the role of causal analysis in hydro-ecological modelling[C]. 18th World IMACS Congress and MODSIM09 International Congress on Modelling and Simulation. Modelling and Simulation Society of Australia and New Zealand and International Association for Mathematics and Computers in Simulation, Cairns, Australia, 2465-2471.

Welch E B, Cooke G D. 2005. Internal phosphorus loading in shallow lakes: importance and control[J]. Lake and Reservoir Management, 21 (2): 209-217.

Wetzel R G, Limnology G. 2001. Lake and river ecosystems[J]. Limnology, 37: 490-525.

Wissel C. 1984. A universal law of the characteristic return time near thresholds[J]. Oecologia, 65 (1): 101-107.

Wu Z, Liu Y, Liang Z, et al. 2017. Internal cycling, not external loading, decides the nutrient limitation in eutrophic lake: a dynamic model with temporal Bayesian hierarchical inference[J]. Water Research, 116: 231-240.

Xie L, Xie P, Tang H. 2003. Enhancement of dissolved phosphorus release from sediment to lake water by Microcystis blooms—an enclosure experiment in a hyper-eutrophic, subtropical Chinese lake[J]. Environmental Pollution, 122 (3): 391-399.

Xiong J, Mei X, Hu C. 2003. Comparative study on the community structure and bildiversity of zoobenthos in lakes of different pollution states[J]. Journal of Lake Sciences, 15 (2): 160-168.

Yi Q, Sun P, Niu S, et al. 2015. Potential for sediment phosphorus release in coal mine subsidence lakes in China: perspectives from fractionation of phosphorous, iron and aluminum[J]. Biogeochemistry, 126 (3): 315-327.

Yin H, Kong M. 2015. Reduction of sediment internal P-loading from eutrophic lakes using thermally modified calcium-rich attapulgite-based thin-layer cap[J]. Journal of Environmental Management, 151: 178-185.

Zhao L, Li Y, Zou R, et al. 2013. A three-dimensional water quality modeling approach for exploring the eutrophication responses to load reduction scenarios in Lake Yilong (China) [J]. Environmental Pollution, 177: 13-21.

Zimmer K D, Hanson M A, Herwig B R, et al. 2009. Thresholds and stability of alternative regimes in shallow prairie-parkland lakes of central North America[J]. Ecosystems, 12 (5): 843-852.

Zivot E, Andrews D W K. 2002. Further evidence on the great crash, the oil-price shock, and the unit-root hypothesis[J]. Journal of Business & Economic Statistics, 20 (1): 25-44.

Zou R, Li Y, Zhao L, et al. 2014. Exploring the mechanism of catastrophic regime shift in a shallow plateau lake: a three-dimensional water quality modeling approach[J]. Developments in Environmental Modelling, 26: 411-435.

彩　图

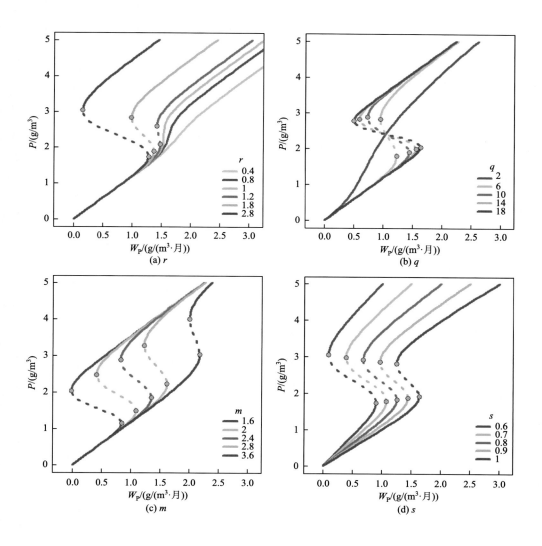

图 4.7　P 驱动稳态转换模型参数敏感性分析

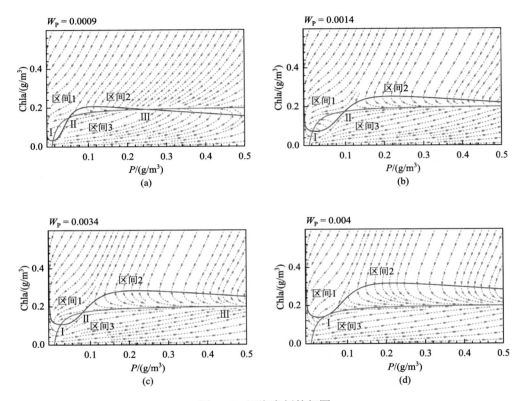

图 4.16   洱海案例的相图

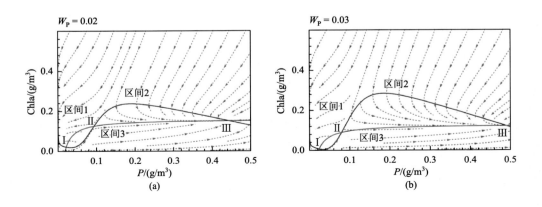

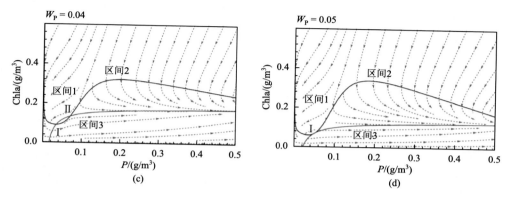

图 4.17　滇池案例的相图

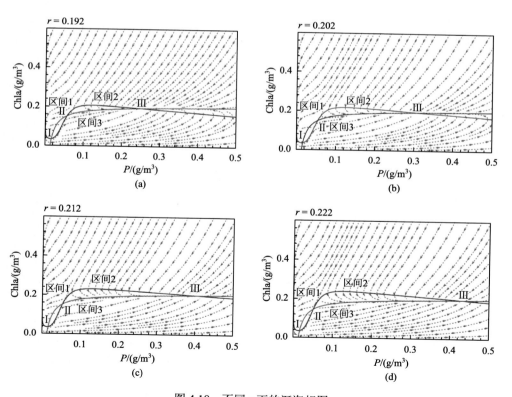

图 4.18　不同 r 下的洱海相图

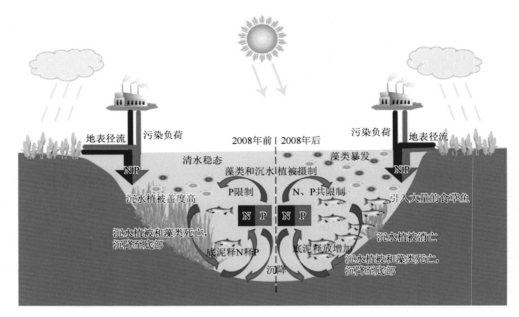

图 5.14　异龙湖生态系统稳定性跃迁前后湖泊水体中重要过程示意